なぜ私たちは存在するのか

ウイルスがつなぐ生物の世界

宮沢孝幸
Miyazawa Takayuki

PHP新書

まえがき

私たちは生きています。

私たちがこうして生きていること、そして生物が地球上にいることは当然のことなのでしょうか？　宇宙にまで目を向けるとどうでしょう。

私たちは地球以外で生命体が存在する天体を知りません。地球以外に生命体が存在するという確証もまだありません。しかし、私たちが住む銀河系だけでも１００億個もの地球型惑星があるといわれています。さらに、銀河は宇宙に２兆個あるともいわれています。ですから、この宇宙には生命が存在する可能性は高いと思います。そうあってほしいという願望もあるのかもしれませんが、宇宙に生物がたくさんいると信じている人は多いと思います。

しかしながら、改めて考えてみると不思議なのです。なぜ宇宙に生命が存在しているのでしょうか？　宇宙には生命体がいなくてもよいはずです。生命が存在する必然性はあったのでしょうか。それとも、生命は偶発的に発生してしまったので、存在しているだけなのでしょうか。

私は偶然だとは思いません。宇宙の摂理として生物は必然的に生まれたのではないでしょうか。

「エントロピー増大の法則」をご存じでしょうか。「物事は放っておくと乱雑・無秩序・複雑な方向に向かい、自発的にもとに戻ることはない」という宇宙の大原則のことです。

宇宙は乱雑さが増大する方向で動いています。その一方で、生物はエントロピー増大の法則とは逆に、秩序だった方向に向かっています。細胞レベルにおいては、膜で包まれた中で外界とは動的平衡状態（合成と分解が同じ速度で進んでいるため、一見変化が起きていないように見える状態）にあります。もちろん死ぬと、エントロピー増大の法則に従って崩壊していきます。しかし、一時的にせよ、なぜ宇宙の法則に逆らう生物が存在するのでしょうか？その存在意義とはどのようなものなのでしょうか。

ところで、ウイルスは生物と無生物（物質）の間と呼ばれることがあります。ウイルスと生物を分けるものとして、代謝能力や自己増殖性が挙げられます。確かにウイルスは代謝系をもっていないし、自分だけでは増殖しないので生物とはいえません。

本書で詳しく述べますが、ウイルスは遺伝情報を運ぶものです。遺伝情報は核酸（DNAとRNA）に書かれています。核酸はあくまでも物質であり、条件によっては結晶にもなるものです。これは生物とはいえないでしょう。

しかし、この遺伝情報が書かれた核酸を細胞内に人為的に導入すると、ウイルスのタンパク質が細胞内で合成され、ウイルス粒子となって細胞外に出て行きます。細胞外に出たウイルスは、新たに感染する場を求めて細胞間を飛び回り、増殖していきます。その様《さま》はいかにも生物のように見えます。そのため、ウイルス研究者の私は、ウイルスは生物の一部だと認識しています。ウイルスは確かに生物とは異なり、物質的な振る舞いはしますが、あくまで生命現象の一部であると考えています。

また、視点を変えると、私たち人間も実はウイルスのような存在なのかもしれません。私たちも太陽光線、水や空気、無機的栄養の他に、他の動物や、植物、微生物がないと生きていけません。そして何より、太陽があって、地球という場所が存在しなければなりません。

地球もあと6億年ほどしたら、海がなくなると考えられています。海がなくなっても、地下にわずかに存在する水を頼りに、生物は存続するかもしれません。しかし、それも一時的なものです。最終的に地球は太陽に飲み込まれてしまいます。太陽に飲み込まれてしまったら、どんな生き物も生きてはいけないでしょう。地球が終わりを迎えたときに生物も消えてしまうのでしょうか？

本書では、ミクロのウイルス研究を通して育んできた私の「生命観」について、お話ししたいと思います。

なぜ私たちは存在するのか――ウイルスがつなぐ生物の世界

―目次―

第1章 ウイルスを作る
——ウイルスは物質なのか生物なのか？

第2章 病原性ウイルスの研究

第3章

ウイルスを排除することはできるか？
――天然痘を撲滅できた数多くの幸運

第4章
細胞間情報伝達粒子がウイルスになった？
——エクソソームがウイルスの起源なのか……

第5章
レトロウイルスの起源と本来の役割

第6章 遺伝子の平行移動（ラテラル・ジーン・トランスファー）

第7章 現代のコアラはタイムマシーンか
——種の壁を越えていくウイルスの現場

第8章 なぜ小さな恐竜も絶滅したのか？

第9章

場と生命、そして宇宙

第1章

ウイルスを作る

——ウイルスは物質なのか生物なのか?

1年以上、生死について考えて苦しんだ

人間誰しも死を怖がるものです。私が「生と死」について強く意識するようになったのは、高校生の頃でした。両親もいずれは亡くなるし、自分もこの世からいなくなります。当たり前のことなのに、死が自分にとっても不可避であることに気がつき狼狽《ろうばい》したのです。

大学に入学後すぐに、私は小学校以来の親しい友人を交通事故で亡くしました。さらに、立て続けに同級生が3人も事故で亡くなりました。若くして亡くなるのはとても残念なことです。私はそれから1年以上、生とは何なのか、死とは何なのかを考え続けて、身体的にも精神的にも苦しい状況に陥りました。

それまで、私は父や恩師から「真・善・美」を追究することが人として大切なことであると教えられてきました。そのためか、私は「真・善・美」を追究することで幸せになれると思っていました。ここでいう「真」とはもちろん真実のことです。

しかし、あるとき生と死を深く考えることで、自分の健康が損なわれるのはおかしいのではないかという疑問をもったのです。真実を深く追究することで人が不幸になるのだとしたら、真実を追究すること自体が間違っているのではないか。そして、一旦「死」について考

えることは棚上げすることにしました。これは、まだ若く、健康まで害しかけていた私にとっては良い選択だったと思います。

「自己」と「非自己」の問題

生物とは何かと考えたときに、当時私の大きな疑問は「個」の概念でした。つまり「自己」と「非自己」の問題です。なぜ、人に自意識があるのか、そしてどのようにして、人は自己と非自己を分けているのかということです。

1980年代の免疫学はまさにこの自己と非自己を生物がいかにして認識するかということで、たいへん盛り上がっていました。利根川進先生（1987年ノーベル生理学・医学賞を受賞）がB細胞の産生する抗体の多様性発現機構を発見し、その後、T細胞が抗原（抗体を作らせる原因となる物質）を認識するメカニズムの解明も進みました（B細胞、T細胞はともにリンパ球の一種です）。もともと植物学に興味をもっていた私が免疫学に傾倒するようになったのは、このようないきさつがありました。しかし、免疫学を勉強したものの、個の概念や生や死についてはあまり深く考察することはできませんでした。

その後、獣医学の道に進み、ほ乳類や鳥類の解剖学や生理学、微生物学や病理学などを学ぶとともにウイルスを研究するようになりました。日々の研究に追われているうちに、「生」と「死」の問題、「自己」と「非自己」の問題は、しだいに私の頭の中から消え去ったかのように思えました。しかし意識しないところで、この命題は私の研究の根底に常に置かれていたようです。

時は30年流れて、50歳を過ぎた頃から、再び「生」と「死」、「個」について考える時間が多くなってきたように思います。知り合いや親戚が随分と亡くなり、昨年は父も他界しました。不思議なことに歳を取って、私はだんだんと「個」の意識が薄れていくような感覚をもつようになりました。確かに生物は「個」から成り立っていますが、結局は、個は全体の一部分に過ぎないと実感するようになったのです。

私は哲学者でも宗教学者でもありませんし、生物学者と名乗れるほど、深く生物学を追究した者ではありません。私の専門はあくまでもウイルス学、分子進化学なのですが、これらの学問を追究し、研究を通して生命を捉えるようになったことで私の生命観は他の人と幾分違ったものになったような気がします。

ウイルスは生物なのか、無生物なのか

「ウイルスは生物なのか？　無生物なのか？」という問いがあります。この命題はウイルスが発見された当初から存在しています。一般的にウイルスは生物とは認められませんが、まるで生き物のように増殖していきます。

多くの生物学者が認めている生物の定義とは、以下の３つの条件を満たすものとされています。

①外界と膜で仕切られている
②代謝（物質やエネルギーの流れ）を行う
③自分の複製を作る

一部のウイルスは外界と膜で仕切られていますが、ウイルスそれ自体では代謝もしないし、複製もしません。あくまでもウイルスは感染する細胞がないと増殖することはできません。ですから、この定義からするとウイルスは生物から外れるのですが、ウイルスが増殖し、さらに、さまざまな動物や人に病気を引き起こしている様を見ると、ウイルスは生物であるとも言いたくなります。

遺伝子工学の基礎

１９７０年代から遺伝子工学が勃興し、ＤＮＡの組換えを行うことができるようになりました。その技術を応用して、１９８０年頃には、ウイルス研究者はレトロウイルスを作ることができるようになりました（Ref.1）。「ウイルスを作る」というと「それってどういうこと？」と思われるかもしれません。遺伝子組換え操作をしたことがない人にはイメージしづらいと思いますが、簡単にいうと、①感染細胞からウイルスの遺伝情報が書いてあるＤＮＡを抽出して、それをプラスミドというＤＮＡに組み入れて大腸菌内で増やした後、再びＤＮＡを回収、そして②そのＤＮＡをほ乳類などの細胞に戻す、という手順でウイルスを作ることができるのです（プラスミドについては後で説明します）。

理解が進むように、実際の遺伝子組換え操作がどのようなものか少し説明したいと思います。

そもそも、遺伝情報が書いてあるＤＮＡをプラスミドに入れて扱うとはどういうことでしょうか。ＤＮＡ（デオキシリボ核酸）はタンパク質を作るための設計図で、糖とリン酸、そしてアデニン（Ａ）、グアニン（Ｇ）、シトシン（Ｃ）、チミン（Ｔ）の４つの塩基の配列で構成されます。私たちはタンパク質を細菌や昆虫、ほ乳類の細胞に作らせるとき、プラスミドに目的のタンパク質を構成するアミノ酸の並び方を決める塩基配列を組み入れるのです。そのように遺伝子を組み入れたプラスミドを大腸菌やほ乳類の細胞に導入すると、その設計図にしたがって、目的のタンパク質が合成されます。このような技術を遺伝子工学と呼びます。

大腸菌には、大腸菌のゲノム（遺伝情報のすべて）とは別に、さらに独自に大腸菌内でコピー数を増やすプラスミドと呼ばれる環状のＤＮＡがあります（図1）。また細菌は、細菌に感染するウイルス（これをファージと呼びます）に対抗するために獲得したＤＮＡ切断酵素の一種である制限酵素（ＤＮＡの特定の配列を認識して切断する酵素）をもっています。これらを使うことで、ＤＮＡの組換えをすることができるようになりました（図2）。この技術も当初は「神への冒瀆《ぼうとく》」ではないかという批判もありましたが、少しずつ安全性が確認されて、今ではルールを守れば自由に扱えるようになりました。

大腸菌は約20分に1回分裂します。プラスミドは染色体の複製や大腸菌の分裂とは独立して複製して増えることができます。プラスミドＤＮＡは大腸内でコピー数を増やしていきます。

図1　細菌の染色体とプラスミド

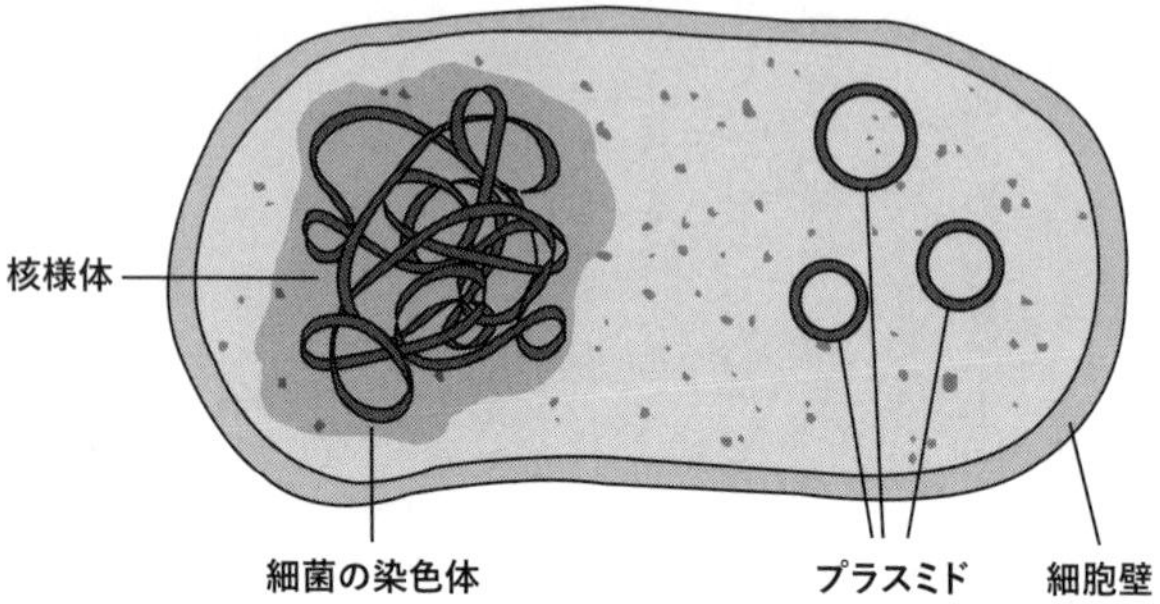

出所：https://www.sciencelearn.org.nz/resources/1900-bacterial-dna-the-role-of-plasmids（翻訳して転載）

図2　DNAの組換え

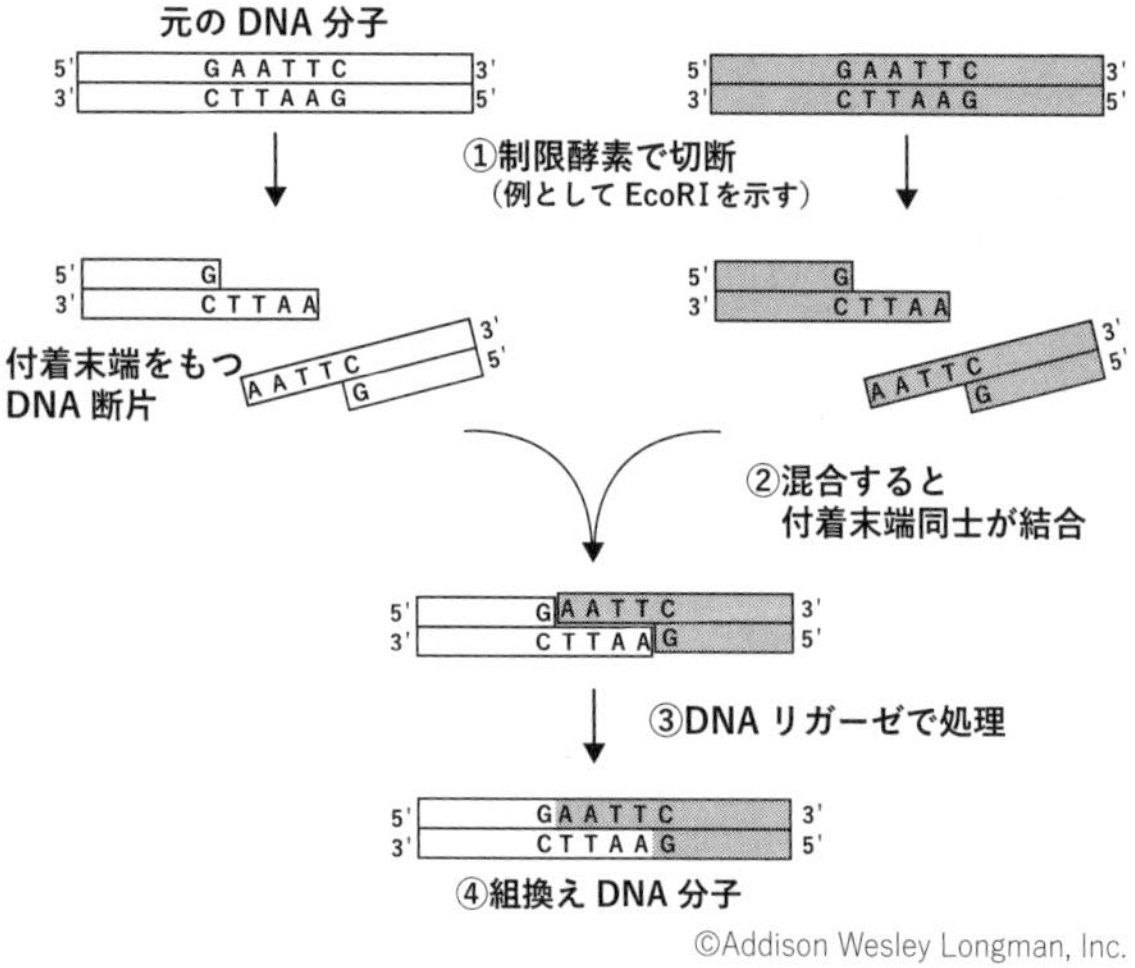

出所：https://www.aci-bd.com/research-development/restriction-enzyme-digestion-capabilities-and-resources.html（翻訳、一部改変のうえ転載）

大腸菌は、プラスミドを用いて自らの性質を変えるタンパク質を作ることができます。「薬剤耐性菌」という言葉を聞いたことはあるでしょうか。細菌の薬剤耐性というのは、細菌を殺したり、増殖を抑える抗生物質が効かなくなることをいいます。大腸菌は薬剤耐性のプラスミドを獲得する（大腸菌内にプラスミドをもつ）ことによって、抗生物質に対抗することができるようになります。プラスミドを取り込んで性質が変わることから、これを「形質転換」と呼んでいます。形質とは生物がもつ性質や特徴のことを指します。この場合は、プラスミドを獲得することで、抗生物質に対抗できる形質をもつということになります。もともとプラスミドをもっている大腸菌もいるのですが、遺伝子工学ではプラスミドを取り除いた大腸菌が使われます。

それではどのようにして大腸菌にプラスミドを取り込ませるのでしょうか。これは比較的簡単な作業です。冷却下でカルシウムイオン（通常は塩化カルシウム溶液）で大腸菌を処理すると、大腸菌の細胞壁のＤＮＡ透過性が上がって、ＤＮＡを取り込みやすくなるのです。この状態の大腸菌をコンピテントセル（Competent Cell：形質転換受容性細胞）と呼んでいます。

コンピテントセルにプラスミド溶液を混ぜて氷の上に30分ほど置いておくと、プラスミドが大腸菌の細胞壁にくっつきます。42℃で60秒ほど温めて、再び氷の上に戻すと、プラスミ

図3　大腸菌にプラスミドを取り込ませる

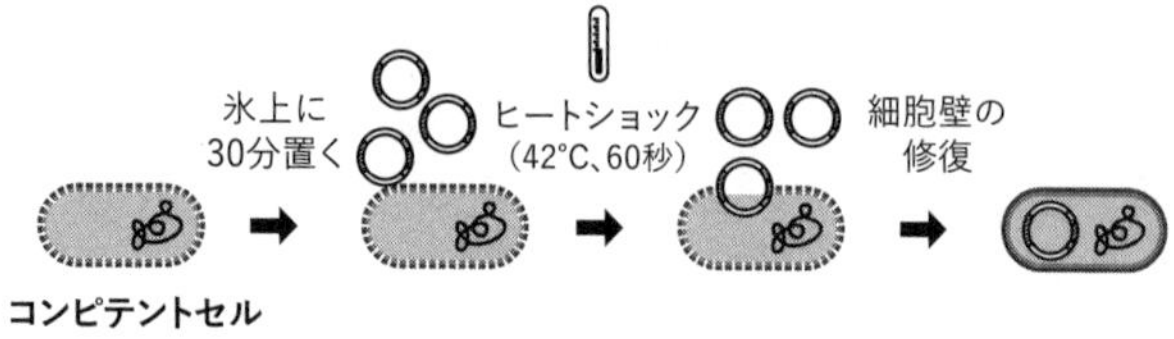

出所：https://www.thermofisher.com/jp/ja/home/life-science/cloning/cloning-learning-center/invitrogen-school-of-molecular-biology/molecular-cloning/transformation/competent-cell-basics.html（翻訳、一部改変のうえ転載）

ドが大腸菌の中に入っていきます（図3）。そこに大腸菌用の液体の培地（培養液）を入れて、37℃で30分ほど温めると細胞壁が修復されます。それを抗生物質（アンピシリンなど）と増殖に必要な栄養素が入った寒天のプレート（小さな皿）に撒《ま》きます。その後37℃で一晩培養すると、コロニー（菌のかたまり。集落）ができます。

　このコロニーは大腸菌が何億個も集まってできているものですが、プラスミドを取り込んだ1個の大腸菌由来になります。プラスミドには特定の抗生物質に対抗する遺伝子（耐性遺伝子）が入っています。例えば、アンピシリン耐性遺伝子が入ったプラスミドを取り込んだ大腸菌はアンピシリン耐性となり、アンピシリンが入った寒天のプレートで増えます。しかし、アンピシリン耐性遺伝子が入ったプラスミドがない大腸菌はアンピシリンが入った寒天プレートでは増えませんので、目的のプラスミドが入った大腸菌だけが増えてくるのです。

出てきたコロニーを滅菌した爪楊枝などで突いて、それを再び大腸菌用の培養液に入れます。このときに抗生物質を入れておくと、プラスミドが入った大腸菌のみを増やすことができます。仮にプラスミドが入っていない大腸菌が混入したとしても、培養液に抗生物質が入っているので増えません。また経験上、環境中の抗生物質耐性の雑菌が入り込んで困ったことはありません。

今度は、恒温振とう培養器を使って、37℃で大腸菌が入った容器を強く振って増やします。なぜ振るのかというと、空気を培養液に送り込むためです。大腸菌は通性嫌気性菌（通性嫌気性菌は、エネルギー獲得のため、酸素が存在する場合には好気的呼吸によってエネルギーの放出・貯蔵を行うＡＴＰ［アデノシン三リン酸］を生成するのですが、酸素がない場合においても発酵によりエネルギーを得られるように代謝を切り替えることができます）ですが、大量に増やすためには酸素がある方が好都合なのです。

翌日になると、もともと透明（淡黄色）だった培養液は不透明になります。大腸菌が大量に増えたからです。遠心機で培養したチューブを遠心すると、大腸菌が底に集まります。その大腸菌からプラスミドを回収します。

プラスミドはどうやって回収するのでしょうか。今は、キットを使ってプラスミドを回収して精製するのが主流ですが、次のようなアルカリSDS法という、従来通りの方法で回収することができます。

はじめに、大腸菌をアルカリ下で界面活性剤（SDS）により溶かして、そこに酢酸カリウムを入れてpHを下げます。するとタンパク質が析出します。これを遠心機にかけて分離すると大腸菌のタンパク質は、マイクロチューブ（プラスチック製の小さな試験管）の底に溜まります。大腸菌のゲノムDNAも大腸菌のタンパク質に絡まってほとんどは沈殿してしまいますが、プラスミドDNAは上清《じょうせい》（上澄み）に留《とど》まります。

上清を集めて、99％のエタノールを加えるとDNAは凝集します。それをさらに遠心分離してDNAを集めます（酸性下でエタノールを加えるとDNAは凝集します）。沈殿物（ペレットといいます）を集めて70％エタノールで洗い、ペレットを乾かすとDNAが回収できます。

しかし、ここにはプラスミドのDNAとともに大腸菌のRNA（リボ核酸）も混ざっています。このRNAを除去するために、RNA分解酵素を入れてRNAを分解し、酢酸カリウムを入れて酸性にし、99％のエタノールを加えて遠心分離すると、細かく切断されたRNAの多くは沈殿せず、主にDNAが沈殿します。さらにDNAの純度を上げるときは、精製カラムというものを用いて精製します。

便利なキットもあるのですが、私はいまだにこのようにしてプラスミドのＤＮＡを回収しています。慣れていればキットを使うよりも速くＤＮＡを回収できるうえ、研究コストを抑えることができます。

私たち研究者はプラスミドを物質として扱っています。しかし、大腸菌という生体の中で増殖させることもできるのです。物質であれば勝手に増殖することはないという概念から外れていますが、集めてきたＤＮＡはあくまでも物質ですし、プラスミドはどうみても生き物には見えません。膜も何もついていない、裸のＤＮＡだからです。

ウイルスを作る

私たちはこのような遺伝子工学の技術を使ってほ乳類に感染するウイルスを作っています。増やして抽出したプラスミドはあくまでも大腸菌の中の環状ＤＮＡです。このプラスミドからどうやって人や動物に感染するウイルスを作るのでしょうか。ここでは、レトロウイルスを例にとってみましょう。

その前に、レトロウイルスの構造と生活環を説明しておきます。

レトロウイルスはウイルスゲノムとしてRNAを2本もっています。レトロウイルスは細胞に感染するとゲノムRNAを逆転写酵素によってDNAに変換して、宿主細胞のゲノムにウイルスのゲノムDNAを組み込みます（図4）。組み込まれた状態のウイルスゲノムDNAをプロウイルス（Provirus）と呼んでいます。

普通、「転写」というのは、DNAをRNAに変換することを指します。この場合はその逆で、RNAをDNAに転写するので「逆転写」と呼ぶのです。なお、「レトロ」とは「逆」という意味です。

プロウイルスからウイルスのゲノムRNAが転写されると、宿主のmRNAと同じようにリボソーム（mRNAの塩基配列を読み取ってタンパク質を作る機能をもつRNAとタンパク質の複合体）に運ばれて、ウイルスを構成するタンパク質が作られます。これを翻訳と呼びます。さらにそのタンパク質が集まってウイルスのゲノムRNAを含む粒子となり細胞からウイルスとして飛び出していきます（図4）。

遺伝子工学技術を応用すると、宿主細胞のDNAに組み込まれたプロウイルスの部分を取り出して、プラスミドに組み入れることもできます。

その方法は詳しくは説明しませんが、かつては大腸菌に感染するウイルス（ファージ）の

図4　レトロウイルスの生活環

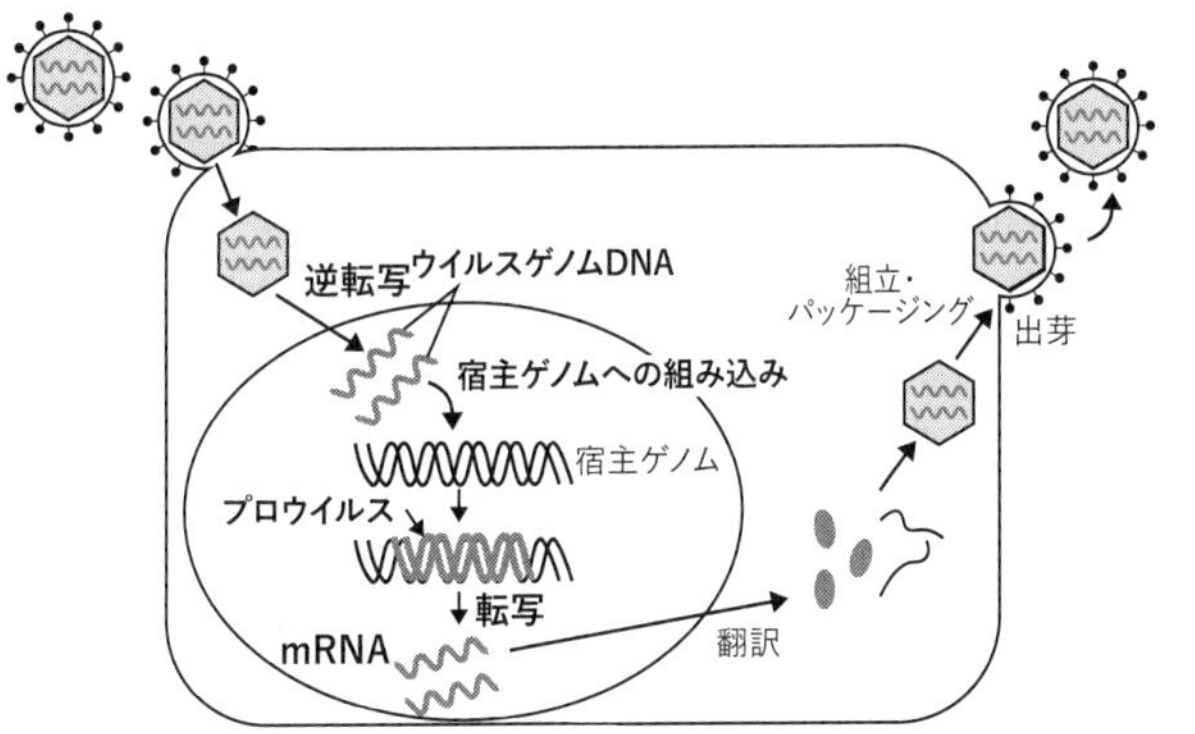

ＤＮＡにプロウイルスのＤＮＡを組み込んでいました。そのファージを増やしてＤＮＡを回収して、今度はファージのＤＮＡの一部をプラスミドに入れて、大腸菌で増やしていました。現在では、ＰＣＲ（ポリメラーゼ連鎖反応）法を用いてプロウイルスの配列を増幅して、プラスミドに組み入れることができます。

ＤＮＡ断片を組み込む前のプラスミドは２０００〜３０００塩基対（bp）でできていますが、外来の遺伝子を１５０００bpくらいは組み入れることができます。レトロウイルスのプロウイルスの長さは９０００〜１２０００bp程度なので、プロウイルス全長をプラスミドに組み入れることは可能です。つまり、レトロウイルスの全遺伝子情報をもったプラスミドを遺伝子工学技術で作ることができるのです。そのプラスミドさえできれば、先ほど述べた手順で大腸菌に導入して、大腸菌にプラスミドを大量に増やしてもらうことができます。レトロウイルス全長のＤＮＡが入ったプラスミドは大腸菌内で増えにくいのですが、それでも約50ミリリットルの培養液で大腸菌を増やして、１００マイクログラム（マイクロは１００万分の１）程度のプラスミドを集めることができます。

ここから面白くなってきます。今増やしたプラスミドは、あくまでも物質（ＤＮＡ）です。これを使ってウイルスを作り出すことができます。いったいどうするのでしょうか？

このプラスミドをほ乳類の細胞に導入させます。導入法にはさまざまな方法があるのですが、今は、リポフェクション法という方法が使われています（図５）。リポソームと呼ばれる脂質膜の粒子とプラスミド（１マイクログラム程度）を混ぜて、細胞が入ったシャーレに垂らすと、ＤＮＡが細胞内に取り込まれていくのです。細胞内に取り込まれたＤＮＡの一部は核に入っていきます。さらに核の中に入ったＤＮＡの一部は細胞のゲノムに取り込まれます。

レトロウイルスが感染した場合は、ウイルスがもっている逆転写酵素（ウイルス粒子内に入っている）でウイルスのゲノムＲＮＡがＤＮＡに逆転写されて、ＤＮＡが核内に移行、プ

図5　リポフェクション法

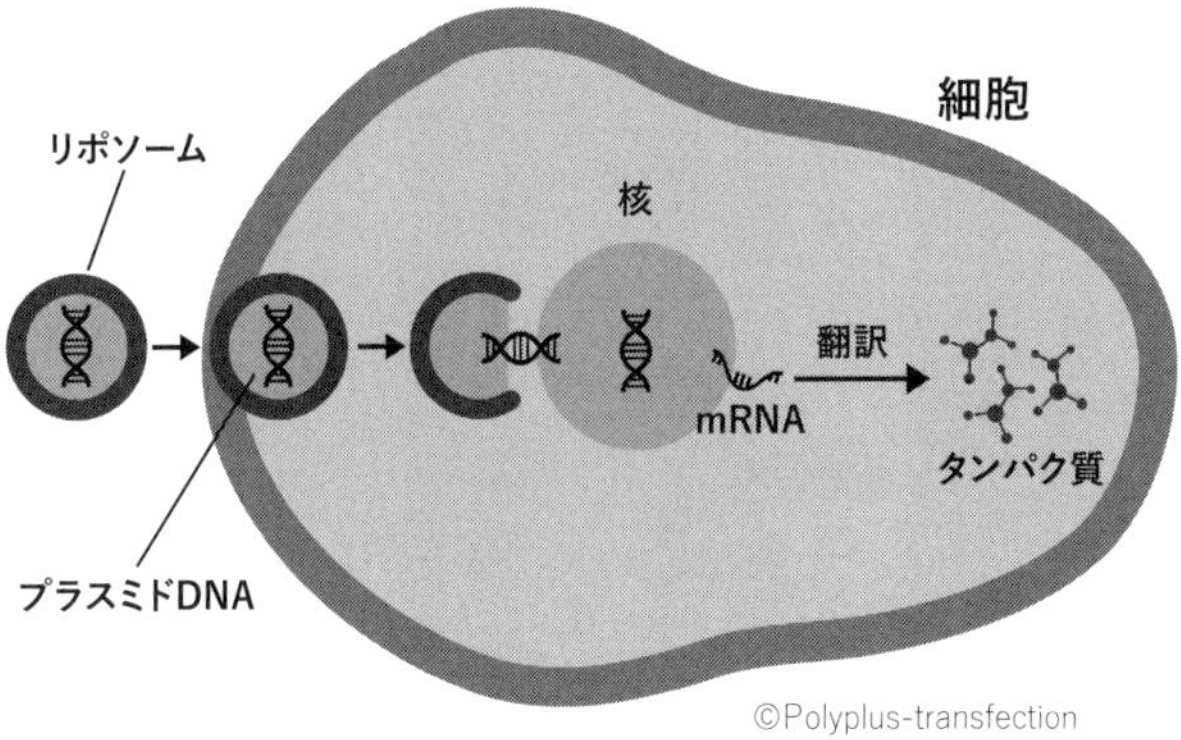

出所：https://www.funakoshi.co.jp/contents/65100（一部改変のうえ転載）

ロウイルスとなり、その後、ＤＮＡの情報に基づいてウイルスが細胞内で作られます（図４）。プラスミドを細胞内に導入した場合は、ウイルスのＲＮＡが逆転写されてＤＮＡになるまでの過程が省略された形になります。核内に移行したプラスミドＤＮＡ、またはゲノムに組み込まれたプラスミドＤＮＡからウイルスタンパク質を作るｍＲＮＡが転写されるのですが、その過程は、ウイルスの感染とまったく同じです。そのようにしてできたウイルス粒子は、もとのウイルスと同じように細胞外に飛び出していきます。

細胞から飛び出たウイルス粒子は、自然に存在するウイルス粒子とまったく同じように振る舞います。出てきたウイルスを感受性細胞に接種すれば、感染し、そこからまた多数のウイルスが飛び出してくるのです。さらにそれを感受性動物に接種すれば、動物はウイルスに感染して、病気になったりするのです。

生物と物質を行き来する

もう一度整理しておきます。ＤＮＡは化学的に合成できます。プラスミドの中にレトロウイルスのゲノム配列をすべて組み込んだものも作ることもできます。それを大腸菌で大量に増やして、プラスミドを精製する。ここまでは、私はあくまでも物質を扱っている感覚です。

確かに大腸菌という生き物を使ってプラスミドのＤＮＡを増やしているのですが、大量にＤＮＡを化学的に合成することもできます。化学合成するには費用がかかり、もったいないので、そのようなことは普通しません。ごく微量のプラスミドを、大腸菌を使って大量に増やしています。このプラスミドをほ乳類の細胞内に導入すると、細胞から感染性のウイルスが飛び出してくるのです。このウイルスは自然界に存在するウイルスとまったく同じように振る舞います。細胞を使って、物質であるＤＮＡからウイルスを作り出したということになります。なんとも不思議な話です。

１９８０年代から、レトロウイルス学の研究はこのような技術を使って行うことが当たり前になっています。今の遺伝子改変技術では、任意の場所の塩基を取り替えることもできます。これを変異の導入といいます。変異を導入するとウイルスの性質（増殖性や病原性）が変わることがあります。このようにして、遺伝子を改変することでウイルス遺伝子の性質を調べることができるようになりました。

現代では、生のウイルスをもっていなくても公的なデータベースに登録されている塩基配列の情報を元にして、一続きの長いＤＮＡを化学的に合成することが可能です。このような化学合成を可能にする遺伝子合成の技術開発がとても速いスピードで進んでいて、企業間で競い合っています。

レトロウイルスのゲノムはＲＮＡで塩基数は1万ほどです。1万ほどの長さのＤＮＡであれば、業者に依頼すると二週間程度で合成してもらえます。そのＤＮＡを鋳型《いがた》として試験管内でＲＮＡを合成することも可能です。もっと塩基数が多いウイルスは少し大変ですが、いくつかに分けて合成したものを一気につなげる技術も開発されています。

以上、私たちウイルス研究者が普段やっている実験の一部を見ていただきました。皆さん、ウイルスをどのようなものだと感じたでしょうか。

物質であるＤＮＡを生命の場である細胞に入れてやると、ウイルスとなる。私はこのような実験を普段やっているので、生物と物質の境界を行き来しているような感じがします。ウイルスは、私たちがもっている生物観というか生命観からはみ出てしまうような存在なのです。

本当にウイルスは物質なのでしょうか。それとも、例外的な物質でもなく生物でもない、中途半端な存在なのでしょうか。私は、人類はまだ、何が生物で、何が無生物なのかを捉えきれていないのだと思います。以後の章では私が研究や論文を読んで得た知見から、生命とは何かを考えてみたいと思います。

第2章

病原性ウイルスの研究

ウイルス研究者が実験室でやっていること

ウイルス研究者はウイルスを対象にした研究をしています。最近は遺伝子の配列データだけで研究する人も増えてきました。しかし、私は実際に感染するウイルスをメインに扱っています。もちろん、配列データを元にしたコンピューター解析も行っています。

ウイルスにはいろいろな種類があり、ウイルス研究者はたいてい自分が専門的に研究する対象ウイルスをいくつか決めています。私の場合は主にレトロウイルス科に属するウイルスを研究しています。

ウイルス感染症を疑われる病気が発生したときに、ウイルス研究者はウイルスをどのように取り出して、研究をしているのでしょうか。まずはここからお話ししていきたいと思います。実験室で行っていることをご理解いただければ、私たちが研究していることがどのようなものであるのかがおぼろげながら見えてくると思います。

PCR、メタゲノム解析とは

体の調子が悪くなって「感染症になったかもしれない」と思ったとき、現代ならいろいろな検査法で感染症の病原体の存在を調べることができます。特殊な装置を使ってウイルス由来の核酸（ＤＮＡとＲＮＡ）を検出すれば、そこにいる病原体が何かわかります。ＰＣＲもその一つです。

このＰＣＲの装置は、私の研究室にも置いてあります。ひと言でＰＣＲといっても、いろいろなＰＣＲの方法があり、装置もさまざまですが、たいていそれほど大きな機械ではありません。いずれも小さな実験台の上に載せられるサイズです。私の研究室では、ウイルスを同定したいときやウイルスの増殖の様子を調べるときに用います。

ＰＣＲの原理が考案されたのは１９８３年で（Ref.2）、考案したキャリー・マリスは、１９９３年のノーベル賞を取っています。しかし、ＰＣＲが一般化するには少々時間がかかりました。一般化するのは、１９８６年に耐熱性の酵素が応用されるようになってからです。私が獣医学の学部学生5年生（１９８９年）のときだったと思いますが、研究室にもＰＣＲの機械の導入を薦める人がやってきました。実際に研究室にＰＣＲの機械が入ったのはその数年後です。最初はとても高価で比較的大きな機器だったのですが、安くて小さなＰＣＲ機器が開発されたことで、国内の研究室でも一気に普及したのです。

ＰＣＲは既知のウイルスを見つけ出すのに威力を発揮します。未知のウイルスでも利用できなくはないのですが、万能ではなく、また極めて煩雑でした。近年になり次世代シークエンサーによるメタゲノム解析という手法が確立されて、未知のウイルスも見つけることができるようになりました。メタゲノム解析というのはサンプル中に含まれる核酸を網羅的《もうらてき》に解析する方法です。

PCR法について簡単に説明します（図6）。

PCR法はDNA配列上の特定の領域（目的領域）を、耐熱性DNAポリメラーゼを用いて増幅させる方法です。鋳型DNAが極微量でも存在していれば目的領域が増幅されます。

PCR法では、次の3つのステップを繰り返すことによりDNAを増幅します。

(1) 熱変性 (94～96℃)

プライマー（増幅したい領域の、両端に相補的な配列をもつ1本鎖DNA）は1本鎖DNAとしか結合できません。そのため、鋳型2本鎖DNAを熱によって1本鎖に解離させます。

(2) アニーリング (50～68℃)

温度を下げて、鋳型DNAにプライマーを結合（アニーリング）させます。反応温度を変えることで特異性を調節できます。

図6　PCR法の原理

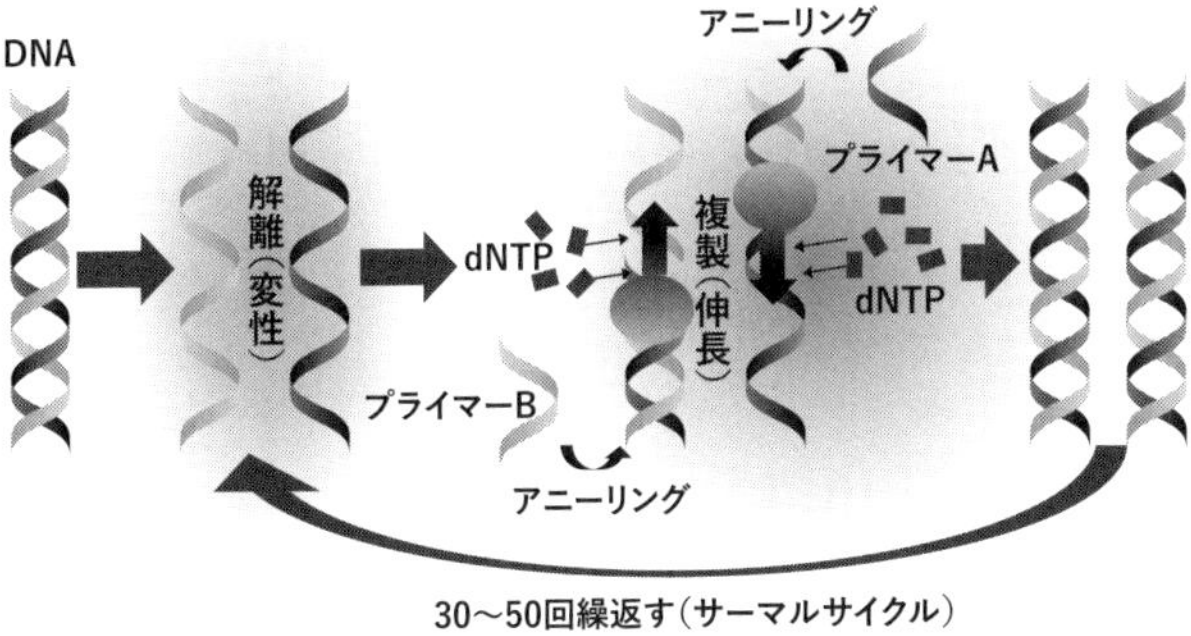

出所：https://www.jsap.or.jp/columns-covid19/covid19_3-3_abstract
（一部改変のうえ転載）
dNTP はデオキシヌクレオシド三リン酸。伸長反応で DNA の基質（材料）となる

（3）伸長反応

耐熱性のＤＮＡポリメラーゼがよく働く温度（ポリメラーゼの種類によって至適温度は異なるが、多くは70〜74℃）に上げ、ＤＮＡを伸長させます。

この反応を繰り返していくと、理論的には１サイクルで目的のＤＮＡ配列が2倍に増幅されることになります。プライマーでウイルス特有の配列を指定することで、特定のウイルスの配列のみを増やすことができます。増えたＤＮＡ断片を電気泳動して移動度を調べれば、サンプル中にウイルスが存在するかどうかわかります。

どういうことか、説明しましょう。電気泳動法は溶液中のＤＮＡ断片の長さなどを知る手段としてよく使われています。ＤＮＡはマイナス（－）に荷電しており、プラス（＋）極に向かって移動する性質があります。

微細な網目構造をもつアガロースゲルの端に小さな穴（凹み）を作り、そこにＤＮＡ溶液を入れて電場をかけます。するとＤＮＡはプラス（＋）極に向かって、短いＤＮＡ断片ほど速く移動し、長いＤＮＡは遅く移動します。このようにしてＤＮＡ断片を長さの違いによって分離することができます。既知の長さのＤＮＡ断片を含む溶液を異なるレーン（列）で泳動し移動度を比較することで、未知のＤＮＡ断片の分子量を推定することができます。なお、ゲル内のＤＮＡは目には見えませんが、ＤＮＡに結合する特殊な物質を使うと泳動されたＤＮＡを可視化できます。

ＰＣＲは便利ですが、間違いを起こすこともあります。ＰＣＲのプライマーは配列が完全に一致しなくてもアニーリング（結合）して、目的としないＤＮＡが増えてしまうことがあります。電気泳動で確認できるのは、あくまでもＤＮＡ断片の長さになります。そのときに、ほぼ同じ長さだった場合、電気泳動で目的としている断片が増えたかどうかは判断できません。確認のため、ＰＣＲで増幅したＤＮＡ断片の塩基配列を確かめることもあります。

今では、増やした断片と配列が一致するとシグナルを発する試薬（タックマン・プローブ）

を使い、特殊な機械（リアルタイムＰＣＲ器）でシグナルを読み取ることで、ＰＣＲで増やした断片をリアルタイムに高い特異度で調べることもできるようになっています。

さらに２０１０年頃からメタゲノム解析というものも行われるようになりました。塩基配列を自動的に解読するＤＮＡシークエンサーは１９９０年頃から一般化していたのですが、高速に解読できる次世代シークエンサーが開発されたことで、細胞のゲノムＤＮＡ配列の決定や、微生物の網羅的な探索に使われるようになったのです。メタゲノムの、「メタ」は「超える」という意味です。メタゲノム解析では、サンプル中に含まれる細胞や微生物などを精製・分離することなく、混合物のままＤＮＡを丸ごと抽出して、ＤＮＡの塩基配列をダイレクトかつ網羅的に解読します。それによって、サンプル中に含まれる細胞や微生物（細菌やＤＮＡウイルス）の種類やその存在の比率を推定することができます。ＲＮＡをゲノムとするウイルスは、ランダムプライマーと逆転写酵素を用いて、ＲＮＡをＤＮＡに変換して、変換したＤＮＡの配列を読んで解析します。十分量のウイルス（1万コピー程度）が入ったサンプルであれば、比較的高い精度で配列を調べることができます。

ウイルスや細菌を扱うときの基本――コッホの四原則

しかし、このような遺伝子を調べる便利な方法がまだなかった頃は、どうしていたのでしょうか。もっと地道な方法で調べていたのです。感染の疑いのある人の唾液や便などを調べて、そこにどんな病原体がいるのか、決められた手順を踏んで突き止めていったのでした。

特に、まだ存在が知られていない病原体を探すことは簡単な作業ではありません。私たちの体の中にはたくさんの微生物やウイルスがいます。その中には病原体ではない細菌もウイルスもたくさんいます。その中からどれが病原体かを同定しなくてはならないのです。手間はかかりますが、決められた手順で探せば、病原体を見つけることができます。まずは病原細菌の同定法からお話ししたいと思います。

「コッホの四原則」あるいは三原則という言葉を聞いたことはあるでしょうか。コッホとはロベルト・コッホ博士（１８４３－１９１０）のことで、彼はドイツの細菌学者であり「病原微生物学の父」といわれています。名前を一度は聞いたことがあるかもしれません。

コッホの四原則とは、病原体を同定する方法の基礎となるものです。この原則の確立によって、近代細菌学の基礎が確立されたともいわれています。そして、それはウイルス学の発展にもつながっていくのです。

【コッホの四原則】

(1) 病気を起こした人の体からは必ず病原体が検出される

感染症であれば、細菌などの「病原微生物」が必ずいるはずです。もし、病原体が検出されなければ、その病気は感染症ではありません。

(2) その病原体は分離される

感染症であれば病原体が必ずあり、それを単体で分離（単離）することが可能なはずです。作業としては、病気の方から検体をとり、その中にいる病原微生物をコツコツと取り出していきます。

(3) その分離した病原体を感受性のある動物に感染させると同じ病気になる

単離した疑わしい病原微生物を用いて感染実験をします。たいてい動物が使われ、飲ませたり、鼻に噴霧《ふんむ》したり、静脈内や腹腔内に注射したりします。

(4) 病巣から同じ病原体が分離される

感染実験をして病気になった個体の病巣から病原微生物などを再分離。それが接種したものと同じであれば、それが病原体だと特定できます。

コッホの四原則が確立されたのは1884年で、この頃になって、ようやく感染症の原因が微生物であることが判明したのでした。それよりも昔、言い換えると細菌という微生物や、それよりも小さいウイルスの存在など想像できなかった時代は、感染症は「はやり病《やまい》」などと呼ばれたりしていました。短期間に同じような症状の病人が次々と現れるので、「はやり」の病というわけです。はやっているのはわかるけれど、その原因はわからず、人々は風にのって何かがやってくるとか、悪魔の仕業だと考えていました。

大昔の話に聞こえるかもしれませんが、つい百数十年前まで人類は原因不明のはやり病に怯《おび》えて生きていたのです。ようやく19世紀の半ばになって、ルイ・パスツールやロベルト・コッホなどの研究者が病原微生物の存在を明らかにして、さまざまな病気がとても小さな存在によって引き起こされることがだんだんわかってきたのです。ちなみに「近代日本医学の父」と呼ばれる北里柴三郎はコッホに直接師事していた方です。

天才的な発明――固形培地

コッホの四原則にしたがって病原体（この場合は細菌）を特定する場合、実験室では次のように作業します。

まず、検体から疑わしい病原体を単体で分離しなくてはなりません。後で説明しますが、単離しないと感染実験ができないからです。病原体を単離する際は生きたまま増やすことも重要なポイントです。数を増やすと姿や特徴が捉えやすくなる（目に見える形のコロニーを形成し、細菌の種類が変わるとコロニーの見た目〔色や形〕が変わります）ので、同定が楽になるのです。

細菌の数を増やすときは固形培地あるいは液体培地を用います。この中には、細菌がよく育つ栄養が入っています。主にタンパク質を分解したものです。ただ、固形培地が発明される前までは液体培地しかありませんでした。この液体培地は細菌を単離するには問題がありました。培養液中に2種類以上の細菌がいる場合、異なる細菌が混ざったままで増えてしまうのです。それでは細菌の性質を詳しく調べることができません。

固形培地はこの問題を解決する素晴らしい発明でした。細菌は2倍ずつに増えていきます。1つから2つに増えた細菌は、液体培地ではそれぞれ別の場所にブラウン運動で動いていきます。ところが固形培地（流動性のないゲルの培地）ですと、液体の分子のようなマクロブラウン運動はありませんから、2つに分裂した細菌は隣に留まります。ですので、時間が経つとその場所で目に見えるコロニー（通常は逆お椀型の丸いかたまり）になります。

液体ではなく固体なので、検体を線を引くように平板培地（平面）に細く塗り広げることができます。うまく広げると濃度勾配ができます。先がループ状になっている白金耳《はっきんじ》（エーゼ）という実験器具を使って、濃度勾配を作っていきます。すると、一つの細菌が増殖するコロニーができます。

濃いところは細菌がたくさんいるので、コロニー同士がくっついてしまいますが、細菌の濃度が極端に薄いところでは、コロニーができても隣のコロニーに接することはなくなります（図7）。肉眼で見えるようになったコロニーは、もともとは一つの細菌由来ということになります。ただし、プロテウスという細菌のように固形培地を遊走するものもあります。そのときは、遊走を止める方法を採ります。

このコロニーを先がとがった白金耳で突くように取れば、単一の細菌を単離できるというわけです。

もちろん、コロニーには他の細菌がわずかに混ざっている可能性も否定できません。増殖が速い菌と遅い菌が混ざっていた場合、１つの細菌でできた単一のコロニーに見えることもあります。そこで、取ったものを再び同じように固形培地に広げて培養します。この純化を３回ほど繰り返すと、ほぼ間違いなく細菌を単離できます。単離できたら、液体培地で細菌を純粋に大量に増やします（大量培養）。これらの過程が純粋培養と呼ばれる作業です。

そして、この純粋培養した細菌を使って感染実験をします。通常、人には接種できないので、感受性のある動物に接種します。それで同じ症状が現れて、同じ病原体を採取できれば、「この細菌が病原体だ」と言うことができるわけです。

人のおなかの中には大腸菌をはじめ、セレウス菌やプロテウス菌などの細菌がいて、病原性を発現するものもあれば、発現しないものもあります。下痢をした場合、その便にはいろいろな細菌が入っているでしょう。大腸

図7　平板画線法による単個コロニー形成

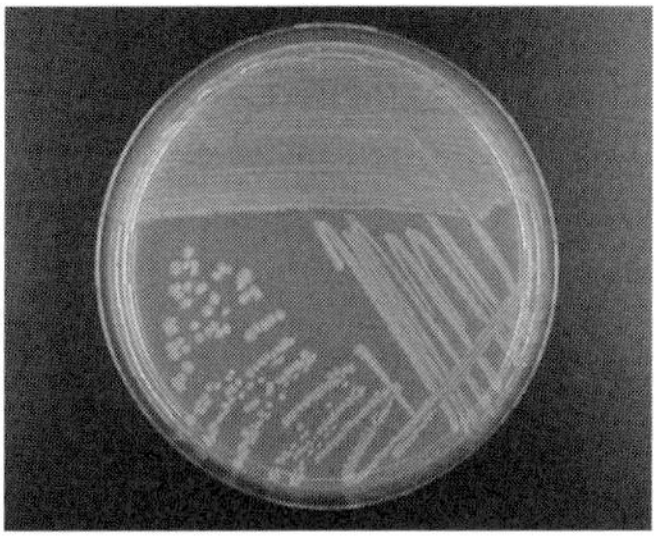

1つの細菌から1つのコロニーが形成される（単個コロニー）。
つまり、単個コロニーの細菌は遺伝的に同一のクローンである

写真提供：株式会社テクノスルガ・ラボ

菌は必ず検出されるはずです。ただし、必ず見つかるからといって、大腸菌が病原体であるとは断定できません。本当の原因である病原体が他にある可能性を排除できないからです。真の病原体を見つけるには、疑いのある病原体を分離して、感染実験して確かめる以外に方法はありません。その分離を画期的に容易にしたのが寒天培地（固形培地の一つ）だったのです。

この寒天培地を発明したのは誰なのでしょうか？　一般にはコッホといわれていますが、コッホの研究室にいたワルター・ヘッセ医師の夫人であるアンジェリーナ・ヘッセの助言によるものだったそうです。それまでコッホらがゼラチンを使って苦戦していた（培養温度である37℃で溶けてしまう）ので、寒天を使うアイデアを出したそうです。

コッホの四原則によって、科学的に病原体を同定する方法が確立されたわけですが、問題がないわけではありません。というのは、通常の培地や培養条件では増えない細菌も多いからです。また動物と人は細菌に対する感受性は違うことが多いのです。Aという動物に対しては病原性があったとしても、Bという動物ではまったく病気を起こさないということがあるのです。それでも細菌の場合は、原則的に、コッホの四原則を重視して病原性細菌が同定されてきました。

ウイルスの単離は細菌よりも難しい

ウイルスの場合はどうでしょうか。細菌とウイルスは一緒くたにして語られることが多々ありますが、大きさや構造がまったく違います。細菌は、私たちと同じように「細胞」からなる生物です。ヒトの細胞の中には細胞核がありますが（真核生物）、細菌には細胞核はない（原核生物）という違いがあります。しかし、細菌は栄養や水分、酸素などがあれば自分で増殖することもできます。

一方のウイルスは、細菌とはまったく異なる構造をしています。簡単にいうと、ウイルスは遺伝情報を包んだ粒子です。また、その遺伝情報を担っている核酸はＤＮＡあるいはＲＮＡのどちらかだけです。ＲＮＡをゲノムとする細菌は見つかっていませんが、ＲＮＡをゲノムとするウイルスは存在します。大きさも、細菌に比べるととても小さく、一番小さなウイルスは20ナノメートル（ナノは10億分の1）ほどで、大腸菌の50～１００分の1くらいです。

先述しましたが、細菌とウイルスの重要な違いは自己増殖性の有無です。細菌は栄養のある固形培地や培養液があれば、自力で増えてくれます。しかし、ウイルスは自力では増殖できず、他力が必要です。生物の生きた細胞の中に入って、その細胞がもっているタンパク質をつくるメカニズムを勝手に利用して増えていきます。ですから、ウイルスを寒天培地で育てることはできません。

ウイルスを増やすときは生きた細胞を用意します。多くは培養細胞と呼ばれるものです。これをシャーレに入れて増殖させてから、ウイルスがいると思われる液状の検体を上から垂らして（これを接種といいます）感染させます。この検体は予め細菌や真菌を通さないフィルターで濾過《ろか》してから用います。ただし、例外的に細菌の一種であるマイコプラズマが検出されることがあります。マイコプラズマは細胞壁（細胞膜より外側にある表層の構造）がなく多型でとても小さいので、フィルターを通過してしまうことがあります。マイコプラズマが混入しているかどうかは、培養で調べることができます。マイコプラズマは特別な培養液や平板培地で増やすことができます。現在ではＰＣＲでも存在を確認することができます。

ウイルスが感受性のある細胞に感染すると増殖します。すると、細胞の外に飛び出て、他の細胞に次々と感染していきます。２種類のウイルスがいると、どうなるのでしょうか。多くの場合、２種類のウイルスがそれぞれ感染した細胞を利用して同時に増え、他の細胞にも感染していきます。こうなると単離することはまず無理です。

そこで、次のような工夫をするのです。いくつか方法がありますが、ここではアガーを使う方法を説明します。

感染させる細胞のシャーレの中にウイルスを入れて、90分間程ウイルスを細胞に吸着させます。ウイルス液を除去した後、その上から液状のアガーをサーッと流し込みます。しばらくしてアガーの層が冷えて固まると、ウイルスも自由に動けなくなります。このとき流し込むアガーは溶解後50℃付近に冷ました液状のものを使います。冷ましすぎてしまうとアガーが固まってしまいますし、熱すぎると細胞が死んでしまいます。絶妙な温度の加減が求められるので、それほど簡単な手技ではありません。

この作業がうまくいくと、細胞で増えたウイルスが細胞の外に出ても、自由に動き回ることができません。じわじわと近くの細胞だけに同心円状に感染が広がっていきます。このようになったら細胞を染めます。生きた細胞だけが染まる色素で処理すると、ウイルスで破壊された細胞には色が付きません。染まらなかった細胞集団が小さく抜けたような穴になります。この状態をプラック（またはプラーク）と呼びます。

染色する際はアガーの上からホルマリン溶液を入れてウイルスを不活化するとともに細胞を固定します（プレートに固着させはがれにくくする）。ウイルスを回収するときは細胞を染めずに、感染細胞周辺のアガーは残しておきます。プラックは染めなくても目視でも確認で

図8　ウイルスによるプラック

A

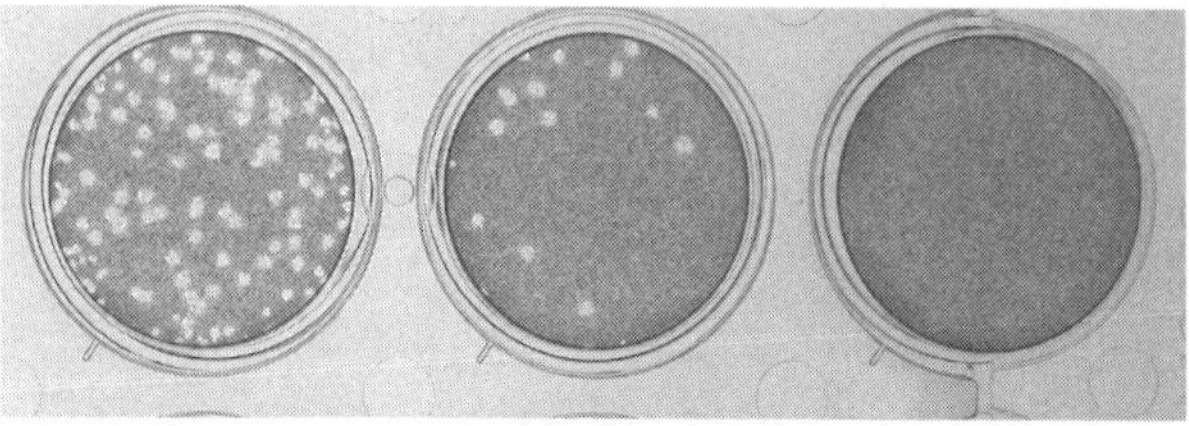

A　細胞に新型コロナウイルス（SARS-CoV-2）を接種して形成されたプラック（白色部分）。生きた細胞は青く（写真では灰色）染まる

B　プラックを免疫染色でウイルスタンパク質を染色した。
写真は1つのプラック（A では染色されずに白く抜けている部分）。
中央部はウイルス感染により細胞が死んではがれている。感染が中央から外に広がっていることがわかる

写真提供：田中 淳博士

B

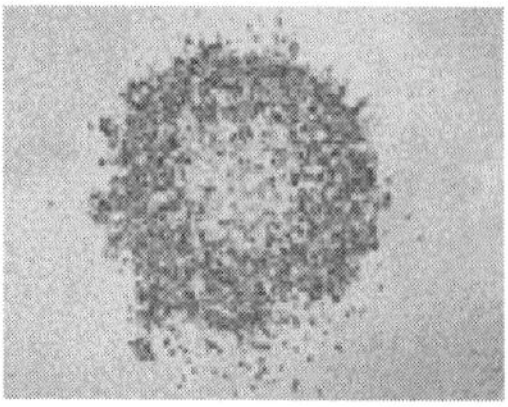

きます。ウイルスは感染細胞の近傍《きんぼう》のアガーに溶け込んでいます。この部分を細胞の上のアガーごとパスツールピペットという先の細いガラスのピペットでうまく射抜けば、ウイルスを単離することができます。このアガーの部分を培養液に浸してやると、単一のウイルスが培養液に拡散していきます。今度はそれをウイルス液として実験に使います。

これらの作業は初心者にとっては難易度が高いです。プラックはとても小さいので、パスツールピペットをもち、反対の手でシャーレをもち、狙いを定めてプスッと射抜きます。力みす

ぎると、シャーレをもつ手が震えたり、ピペットで突く場所を外したりします。力が入りすぎないように、ピペットをもつ手の小指は離すなどの工夫をします。

うまく突くことができると、１つの細胞から出てきた１種類のウイルスを採ることができます。しかし、これでも他のウイルスが混ざっている可能性がないわけではないので、念のために、細菌と同じく、純化作業をします。同じことを３回繰り返せば、ほぼ間違いなく単離できていると考えられます。その後、感受性のある細胞を使ってウイルスを大量に増やしていきます。

コッホの四原則を証明する場合は、ウイルスでも細菌の場合と同じです。動物で感染実験をして同じ症状が出て、同じウイルスを病巣から再分離できれば、病原体を特定できます。

ウイルスの単離は、私が若い頃はウイルス研究者には必須の技術でしたが、今ではそうでもなくなりました。それはなぜか、後に詳しく説明したいと思います。

ベンガルヤマネコから新たなウイルスを発見

私が新しいウイルス（厳密にいうと新しい抗原型のウイルス）を発見したときの話をしましょう。

1996年にベトナムのネコ（ヤマネコなど野生のネコを含む）のウイルス調査を実施したことがあります。血液を採取して、そこからリンパ球のみを取り出してレクチンというタンパク質の一種であるコンカナバリンAで刺激し、Tリンパ球増殖因子（インターロイキン2）存在下で培養すると、リンパ球は1ヶ月くらいは順調に増え続けます。ところが、いつもと違う現象が起こりました。増え続けるはずのリンパ球が1週間以内に死んでしまったのです。手順を間違えたわけでもありません。培養していると細菌が混入してしまい、細胞が死んでしまうことがありますが、それでもないのです。

その培養上清を、細菌を通さないフィルター（450ナノメートルの穴があいているフィルター）で濾過した後、ネコのリンパ球株化細胞（MYA－1細胞）の培養液に入れてみました。すると、よく増えるはずのMYA－1細胞が数日で全滅したのです。ここまできて私はそこに何かしらのリンパ球を殺すウイルスがいると確信しました。このMYA－1細胞は私が樹立した株化細胞です（Ref.3）。

リンパ球を殺すウイルスとしては、ネコ免疫不全ウイルスとネコフォーミーウイルス、ネコカリシウイルス、ネコヘルペスウイルスが知られていました。それに対する抗体を使って、リンパ球指向性のネコのウイルスが存在するかどうかを、間接蛍光抗体法という手法で調べました（図9）。そうしたところ、リンパ球指向性のネコウイルスはいませんでした。そこで、さらに他のネコのウイルスやイヌのウイルスを疑って間接蛍光抗体法を行いました。すると、なんと思わぬウイルスが検出されました。それはネコに白血球減少症や下痢症状を引き起こすパルボウイルスだったのです。当時私たちは、ネコに感染するパルボウイルスがリンパ球に感染して、リンパ球を殺すことを知らなかったのです。

その後、ネコから分離されたこれらのパルボウイルスは、従来イヌのパルボウイルス（イヌパルボウイルス2a型および2b型）といわれていたウイルスであることがわかりました（Ref.4）。さらにベンガルヤマネコからも同様にパルボウイルスが分離されたのですが、これはこれまでイヌやネコで分離されていたウイルスとは遺伝子配列と抗原性が異なることがわかり、イヌパルボウイルス2

図9　間接蛍光抗体法

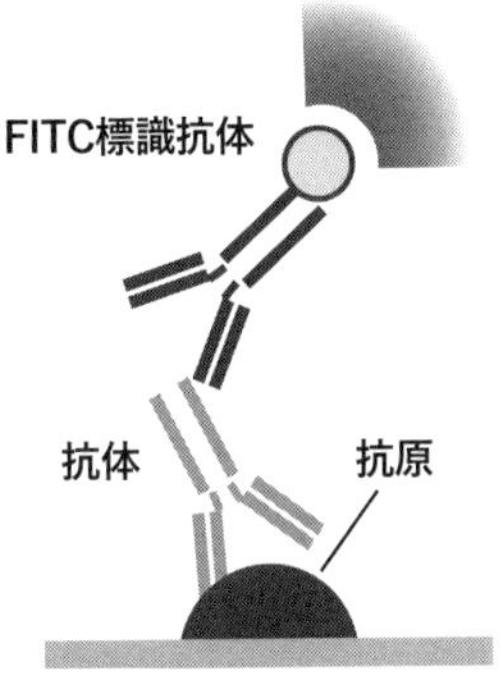

株式会社医学生物学研究所から提供された図を一部改変

ウイルス感染細胞にはウイルスタンパク質（抗原）が発現する。ウイルスタンパク質に特異的に結合する抗体を作用させた後、その抗体と結合する標識抗体（ここではFITC）を作用させる。FITCは紫外線を当てると可視光線を発する。このようにして感染細胞を検出することができる

c型と命名しました（Ref.4）。また、これらのウイルスをネコに接種することにより、白血球減少などの症状を引き起こすこともわかりました（Ref.5）。ウイルスを接種して発症したネコの末梢血リンパ球からウイルスは再分離されました。

長くなりましたが、昔はこのようにして新しいウイルスを見つけていたのです。研究ではいつもと異なる意外なことが起こったときが、新たな発見のチャンスだといえるでしょう。

ウイルス研究のやり方——リバース・ジェネティクス

単離して純粋培養したウイルスがあれば、いろいろな実験をすることができます。さまざまなウイルスが混ざっていると、正確な実験はできません。

ウイルスに内包されているDNAやRNAは核酸という物質です。いずれも塩基と呼ばれる部分があって、これが4種類あり、それらがアルファベットの文字列のように並ぶことで遺伝情報を担うことが可能になります。

現代の実験技術では、その塩基を切り落としたり、別の場所に移したりすることが可能です。「遺伝子組換え」や「ゲノム編集」と呼ばれる技術です。まるでコンピューター上のデータのように、部分的にディレート（削除）をしたり、カット&ペーストしたり、遺伝子の配列を変えたりすることができるのです。生物ではなく、物質だからこそ自由自在にできる技です。

こうしてウイルスのＤＮＡあるいはＲＮＡを改変するのは、改変したウイルスと改変していないウイルスの振る舞いを比べることで、どの部分の塩基配列にどんな役割があるのかがわかってくるからです。このように変異を意図的に入れて調べていく研究手法はリバース・ジェネティクス（逆遺伝学）と呼ばれます。

昔は違いました。ウイルスを長期間増やしたり、増やす条件を変えることで、性質が違うウイルスが現れてくるのを待ち続けていたのです。そうやって現れた変化を捉えて、その原因の塩基配列の変異を探っていくような研究手法でした。

例えば、それまでは感染した細胞を壊していたのに、急に細胞を壊さなくなったという変化が現れたら、ウイルスのゲノム配列のどこが変わったのかをつぶさに調べていったのです。

この状況が大きく変わったのは、遺伝子組換え技術が誕生したこと、プラスミドでウイルスを比較的簡単に作る技術が開発されたことによります。

第１章で述べたように、ほ乳類などの真核細胞にこのプラスミドを入れることもできます。改変したDNAをもつプラスミドを細胞に入れることで、研究者が意図した人工的なウイルスを作ることができます。今では、紫外線を当てると光るウイルスも作ることができます（Ref.6）。人工的に「生命体ができた」という印象をもたずにはいられません。

このようにして改変したウイルスをたくさん作れば、細胞や動植物などに接種する実験がいろいろと可能になります。

この手法は私が大学院に入る頃（1990年）にはマウス白血病ウイルスやヒト免疫不全ウイルスで確立していました。これによってウイルスの研究スピードが速くなりました。ウイルスの中でも、リバース・ジェネティクスの応用は私の専門であるレトロウイルスが一番早かったと思います。それでも、開発された当時は苦労しながら感染性ウイルスを作るプラスミド（感染性分子クローンと呼びます）を作出していました。そして、さまざまな手法で遺伝子改変ウイルスを作っていきました。今ではかなり簡単に遺伝子改変ウイルスができるようになっています。

レトロウイルス以外のウイルスも人工的に作ることができるようになっています。オルトミクソウイルス科に属するインフルエンザウイルスも同じように合成して増やすことができます。

新型コロナウイルス（SARS－CoV－2）は単離されていないのか？

さて、ここからは新型コロナウイルス（COVID－19〔コロナウイルス感染症2019〕）の原因ウイルスで、国際正式名称はSARS－CoV－2）の話を少ししたいと思います。私が講演をすると「新型コロナウイルスは分離されてはいない、存在もしていないのではないか？」という質問を受けることがたびたびあります。

この誤解は、新型コロナウイルスは、厳密に言うと「コッホの四原則」の実験をしていなかったから生じたのでしょう。

実は、ウイルス学の世界では、コッホの四原則はそれほど重要視されていません。コッホの四原則の考え方は現代にも引き継がれていますが、遺伝子の解析技術が進み、わざわざウイルスを単離しなくても検体の中にどんなウイルスがいるのか、かなりの精度でわかるようになったのです。現代では、先述した通りメタゲノム解析と呼ばれる方法があって、例えば採取した唾液中にさまざまなウイルスがいても、網羅的にどんなウイルスがいるのかを明らかにしてくれるのです。

メタゲノム解析の仕組みを簡単に説明すると以下のようになります（図10）。

まず培養液や、だ液、喀痰《かくたん》などのサンプルからＤＮＡだけを抽出します。次に、それらのＤＮＡを超音波で細かく切断します。現代の機械でも、長いＤＮＡはなかなか読み切れません。そのため、あらかじめ読めるサイズに切断するのです。そしてランダムに細切れになったＤＮＡを読み込んで、データにしてコンピューターに蓄積していきます。

ＲＮＡの場合はＤＮＡに変換してから解析します。

例えば、ＳＡＲＳ－ＣｏＶ－２（新型コロナウイルス）の塩基配列はおよそ３万です。「Ａ」「Ｇ」「Ｃ」「Ｕ」の４種の塩基が約３万個並んでいるのですが、逆転写でＤＮＡに変換します。

読み込みが終わると、今度はコンピューターがそのデータを使って、バラバラになっていたＤＮＡの塩基配列を１本のデータに復元していきます。検体の中には同じウイルスがたくさんあります。ランダムに細切れにしても、同種ウイルスがたくさんあるので、同じ部分をたくさん重ねていけば、もとのひと続きの配列情報に復原できるというわけです。

要は同じものがたくさんランダムに分断されると、互いに照合することができるようになり、それでつなぎ目がわかるようになるということです。たとえ複数の種のウイルスがあっても大丈夫です。それぞれをもとの１本の配列情報に復元できます。

図10　微生物のメタゲノム解析の概略図

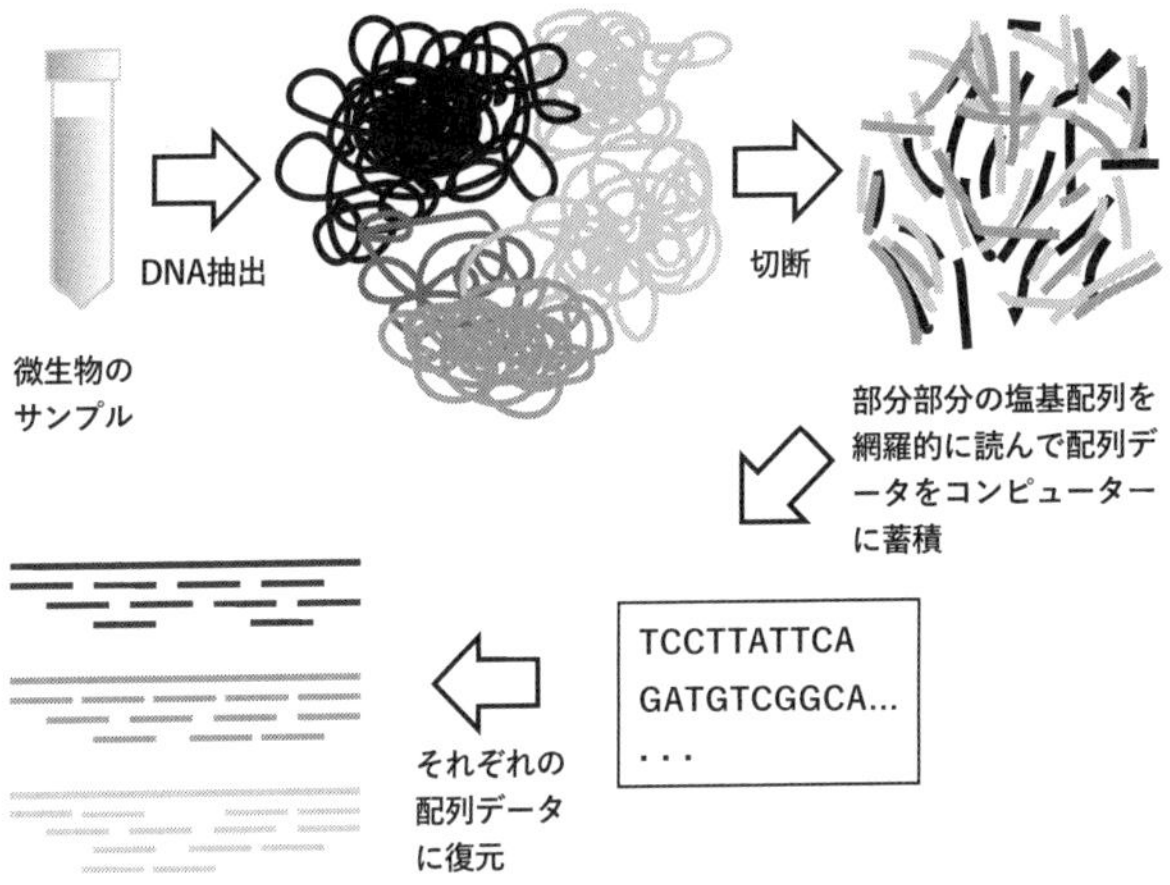

現在、未知のウイルスの特定にあたっては、このように網羅的に調べるやり方が主流です。塩基配列にリピートが多い場合は難しいのですが、この方法で解析が可能である場合は、かなりの精度で特定できます。特定までの時間が圧倒的に短くなりますし、混在しているウイルスについてもわかります。

話を戻すと、新型コロナウイルスをほとんどの研究者が単離しないのは、このような手法や実験技術の進歩が背景にあるからです。単離されていないからといって、新型コロナウイルスが存在しないということではありません。

また、「感染実験をしなくてもいいのか」という指摘もありますが、新型コロナウイルスの人への感染実験はすでにイギリスで行われていて、人で呼吸器症状を発症することが確認されています（Ref.7）。マウスやモルモット、アカゲザル、ネコなどでも感染実験はされています。ですので、今では新型コロナウイルスもコッホの四原則を満たしているといえます。

現代では、発症者の抗体保有の有無やさまざまな知見を総合的に判断して、コッホの四原則を必ずしも満たしていなくても病原ウイルスを特定しています。例えば、後天性免疫不全症候群（エイズ）の病原ウイルスであるヒト免疫不全ウイルス（ＨＩＶ）もそうです。エイズになってしまった患者からはＨＩＶのウイルスは分離されますが、別の要因で免疫不全を起こしている人も世の中にはいます。人道上の問題で人での感染実験をできませんし、サルにＨＩＶを感染させてもエイズを発症しません。したがって、人のエイズの原因がＨＩＶであるとは１００％の確度ではいえないのですが、さまざまな面から見て妥当性があるので広く受け入れられています。

平均だから実在はしていない……でも幻ではない

メタゲノム解析は、先ほど説明したとおり、実在するウイルスの塩基配列を端から読み出すわけではありません。細切れにした塩基配列を読み込み、それをつなぎ合わせていきます。このつなぎ合わせ方は、理論的には一つに定まるのですが、細かくみると実際は一つにはなりません。なぜなら、単一の種のウイルスでも自然に変異が入ってわずかに異なるからです。

現実の世界では、単一種のウイルスでも、そのＤＮＡやＲＮＡの塩基配列がまったく同じということはなかなかありません。変異が激しいＲＮＡウイルスは特にそうです。たいていどこかに変異が入ります。新型コロナウイルスにも、さまざまな変異体（変異株ともいう）があります。細かく見れば、同一個体に感染しているウイルスも単一ではありません。

したがって、メタゲノム解析では一致する割合が高い組み合わせを選んで、塩基配列を決めていきます。塩基の「Ａ」が99％で「Ｇ」が１％であれば、Ａを選ぶという具合です。

この塩基配列のデータは国立遺伝学研究所の「日本ＤＮＡデータバンク（ＤＤＢＪ）」などに登録することができます。ここにある塩基配列データベースは世界中で利用されており、三大国際ＤＮＡデータバンクの一つといわれています。

もちろん、新型コロナウイルス（ＳＡＲＳ－ＣｏＶ－２）の塩基配列も登録されています。ただ、新型コロナウイルスの関連で登録されている塩基配列データは、ほとんどがこのようなメタゲノム解析で得たデータです。少しずつ異なる同種の塩基配列をたくさん並べて、最大公約数のように選んで決めた配列なのです。

講演をすると、ときどき「データベースに登録されている新型コロナウイルスの塩基配列をもっているウイルスは本当に存在するのか?」と聞かれます。しかし、この質問はとても答えにくいのです。正確に言おうとすると、「存在しない可能性はある」と言うしかないのですが、こう言ってしまうと「新型コロナウイルスはやはり実在しない、このパンデミックはすべて虚構だ」と誤解されてしまう可能性があります。でも、「存在しない可能性がある」と言うのは、実在しないのではなく、メタゲノム解析の技術上の特徴によるものなのです。

例えば、仮に日本人の顔を数値化できたとして、その数値を平均すれば「日本人の顔」というものを作ることができるかもしれません。しかし、「その登録された日本人は実際に存在するのか」と言われたら、「存在しない」と答えるしかありません。これと同じように、登録されたウイルスの配列も、厳密に見れば実在していない可能性があるのですが、だからといって存在しないということにもならないのです。

しかしながら、データベースに登録されている新型コロナウイルスの塩基配列をもとにDNAを合成して、それを細胞に入れることによってRNAに変換、そして感染性の新型コロナウイルスを回収することにも成功しています（Ref.8）。

純化して増やしても、また人工的にウイルスを合成しても、動物の体内や試験管内の細胞で増やしているとウイルスは徐々に変異していきます。特にＲＮＡウイルスはＤＮＡウイルスに比べて変異しやすい性質があるのです。

ＤＮＡはＲＮＡより安定した核酸で、あまり変異が入りません。細菌は私たちと同じ生き物なので遺伝情報はＤＮＡにあり、培養してもほとんど変異しません。ＤＮＡの生物とＲＮＡウイルスを比べると、変異のスピードはだいたい１万倍から１００万倍ぐらい違うのです。

次の章では人類と共存してきたコロナウイルスとは異なり、人の手によって撲滅されたウイルスの話をしたいと思います。

第3章

ウイルスを排除することはできるか?

――天然痘を撲滅できた数多くの幸運

天然痘は撲滅できたレアケース

天然痘は、人類が初めて撲滅できたとされるウイルス感染症です。

この感染症の病原は天然痘ウイルスです。伝染力がとても強く、ウイルス血症（ウイルスが血液に入って全身に感染が広がり増殖する病態）を引き起こして死に至ることも多いことから、紀元前の大昔から人々に恐れられていました。特徴的な症状は、顔や四肢に現れる痛みを伴う皮疹で、治癒しても痘痕《あばた》が残ります。

人類が初めて開発したワクチンは、この天然痘に対するものだといわれています。エドワード・ジェンナー（1749-1823）という英国の医師が、ある現象からこの病気を避ける方法を思いついたのです。それは、天然痘ウイルスに感染する前に「牛痘ウイルス」に感染するというやり方でした。もっともこの時代はウイルスの存在は知られていませんでした。

牛痘は、天然痘に似た症状は示すものの死には至らない感染症です。そして、牛痘にかかった者は、なぜか天然痘にかかっていませんでした。ジェンナーはこのことからヒントを得てワクチンを開発しました。今では人体実験になってしまいますが、このワクチンを人に接種したところ、天然痘の発症を抑えることができたのです（この種痘であるワクシニアウイルスは牛痘ウイルスではなかったということが後になってわかりました)。他の研究者たちによってウイルスを人工的に弱毒化させるなどの改良も加えられた結果、ついには1980年5月に、WHOが天然痘の世界根絶宣言を出すに至りました。

今も、このジェンナーのワクチン開発と天然痘根絶の話は、人類文明の成功談の一つとして語り継がれています。人類がすべての病原ウイルスをいつか根絶できると想像している方もいらっしゃるようですが、それはこの成功談があるからかもしれません。

しかし、天然痘ウイルスと同じように根絶できるウイルスはほとんどないでしょう。なぜなら、天然痘ウイルスを地球上からほぼ消し去ることができたのは、数多くの幸運があったからなのです。

この章では、人類がどうして天然痘を撲滅できたのかを話していきたいと思います。理由を知ると、このことがいかにレアなケースであったかがよくわかると思いますし、ウイルスの特徴もわかると思います。

ポックスウイルスの特徴

天然痘ウイルスは、ポックスウイルスというグループ(科)に属するウイルスです。20

22年の夏、一時的にサル痘（エムポックス）ウイルスの感染拡大が懸念されて、日本でも大きく報道されました。エムポックスはサル痘の新しい名称で、2022年11月WHOが今後この名称に置き換えると発表しました。

このエムポックスウイルスは、天然痘ウイルスと同じポックスウイルスの仲間です。齧歯《げっし》類《るい》が自然宿主と疑われているエムポックスウイルスが、サルに感染するとエムポックスになります。ウシを自然宿主にするポックスウイルスは「牛痘ウイルス」であり、ヒトを宿主にするポックスウイルスは「天然痘ウイルス」です。エムポックスや牛痘のウイルスはヒトにも感染するので、人獣共通感染症です。

私はずっと前から、京都大学の医学生向けの授業（微生物学）で、エムポックスウイルスがもち得る社会的な危険性を伝えてきました。エムポックスウイルスは、社会を混乱させる病原体として使うことがたやすいのです。

天然痘ウイルスは、エンベロープを有する大型（150ナノメートル〜260ナノメートル）の2本鎖DNAウイルスです。天然痘ウイルスは培養細胞で増やすことができます。コロナウイルスやレトロウイルスなどのウイルスは環境中で比較的速やかに感染性が失われていきますが、天然痘ウイルスは自然界の中では比較的安定で、低温や乾燥に強く（Ref.9）、エアロゾル（大気中に浮かぶ微粒子）の状態でも少なくとも数時間は感染力を有すると考えられています。凍結乾燥しておけば、室温でもかなりの間、感染性を維持することができます。天然痘根絶後、研究用の天然痘ウイルスは廃棄され、今は、アメリカとロシアの一部の研究機関のみが厳重に保管しています。

さらに、天然痘ウイルスに対しては、確実なワクチンが存在します。種痘（ワクシニアウイルス）というもので、もともとはウマのポックスウイルスと考えられています。種痘は人にはほとんど毒性を示しません（ただしまれに重篤な副反応を誘発し死に至ることもあります）。天然痘は人類を長きにわたり苦しめたのですが、ＷＨＯの世界根絶宣言もあり、１９８０年代に入ってワクチンは接種されないようになりました。ですので、現在地球上の人間のおよそ半数は免疫をもっていないことになります。

そのため、天然痘ウイルスが今拡散されたら、若年層を中心に大きな被害が生じてしまうでしょう。エムポックスウイルスは天然痘ウイルスより弱毒ですが、それでもなお、大きな被害が出る可能性があります。もし、このエムポックスウイルスで社会が混乱することがあったら、人為的に広められた可能性に留意すべきだと、学生たちに言ってきました。エムポックスウイルスにおけるテロの可能性を見落とさないでほしいと思っているからです。

さて、話を戻します。エムポックスウイルスも、牛痘ウイルスも、天然痘ウイルスもポックスウイルスに属しています。そのほか、ヒツジ、ヤギ、ウサギ、ラクダ、リス、トリなど、さまざまな種類の生き物に、その種を宿主とするポックスウイルスが存在します。

どうして天然痘ウイルスは撲滅できたのか?

では、どうして天然痘ウイルスの撲滅に成功することができたのか述べていきたいと思います。

主な理由だけになりますが、いくつか挙げていきます。

(1) ヒトだけに感染する

天然痘のウイルスはどこからやってきたのか。これは今も謎のままです。ウシやウマからやってきたのではないかといわれていますが、はっきりしたことはわかっていません。

最初からヒトだけに感染するウイルスが存在したとは考えにくいので、最初は人獣共通感染症だったのでしょう。ところが、ヒトからヒトに感染している間に、ヒト以外にうつらなくなったのだと思います。

ヒトからヒトにしか感染しなくなったウイルス。これは人類にとっては幸運なことでした。ヒトで撲滅できれば、他の動物から再び感染することがないからです。

他の多くのウイルスではこうはいきません。仮に新型コロナウイルスの感染を防ぐ完全なワクチンができて、ヒトの間で新型コロナウイルスを撲滅できたとしても、自然宿主といわれているキクガシラコウモリがもち続けていれば、再びヒトが感染する可能性があります。

仮にキクガシラコウモリに効くワクチンを開発して、キクガシラコウモリに接種できれば、新型コロナウイルスを撲滅できるかもしれません。しかし、野生のキクガシラコウモリを大量かつ短期間につかまえてワクチンを打つことになり、現実的には無理です。

天然痘ウイルスは、なぜかヒトに特化するようになったウイルスであり、この変化が後の人類にとって幸運をもたらしたわけです。宿主特異性の極めて高いウイルスだからこそ撲滅しやすいのですが、このようなウイルスは少数派です。人獣共通感染症のウイルスを撲滅することは非常に難しく、現実的に無理です。

余談ですが、新型コロナウイルスのように、いろいろな種の動物に感染するウイルスも珍しいといえます。多くのウイルスは近縁の複数の種を宿主にします。あくまで推測ですが、新型コロナウイルスの種特異性は低いのかもしれません。

（2）持続感染がまず起きない

天然痘ウイルスに感染すると、ヒトは死ぬか治るかのどちらかです。幸か不幸か、感染の状態が長く続くことはありません。長く続かないので、他人にうつす時間が比較的短く、発生した地域を囲い込みやすい面があります。囲い込めれば、感染者を隔離して治療したり、非感染者にワクチンを打ったりするなどの対策がとりやすくなります。つまり、ウイルスを社会で封じ込めやすくなるのです。

（3）変異が起きにくいDNAウイルス

天然痘ウイルスの中にあるのはDNAです。新型コロナウイルスやインフルエンザウイルスのRNAウイルスとは異なります。天然痘ウイルスの中にあるDNAはゲノムサイズが大きくかつ変異がとても遅いのが特徴です。先に述べましたが、その変異率をRNAウイルスと比べると、およそ100倍以上の差があります。それでも、ヒトのDNAよりははるかに変異が入りやすいのですが、RNAウイルスに比べたらとても安定しています。このような特徴があるので、ワクチンの血清型は一つなのです。

血清型とは何か、簡単に説明しましょう。ウイルスが動物に感染するとウイルスに対する中和抗体（感染性を失わせる抗体）ができます。変異しやすいウイルスだと、中和抗体から逃れるような変異体が出現することになります。変異体ともともとのウイルス（野生型）とは、抗体への結合度が変わります。野生型には結合するけれども変異体には結合しない抗体ができることになります。そのような抗体を用いれば、野生型と変異体を抗体で区別することができます。そのようにして分けたものを血清型と呼びます。抗体型と呼んでもよいのかもしれませんが、歴史的には、感染した個体の血清を用いて区別したので、血清型と呼んでいるのだと思います。

インフルエンザなどのRNAウイルスは短期間で変異していくので、その変異に合わせてワクチンを変えていく必要があります。ところが、DNAウイルスの天然痘ウイルスは昔に開発されたワクチンの型でも効くのです。少し専門的にいうと、抗原的安定性が高いので、血清型が一つで済むという話です。

（４）１回のワクチン接種で有効

天然痘のワクチン（種痘）は１回の接種だけで免疫を長く獲得できます。このワクチンは

「弱毒生ワクチン」と呼ばれる、毒性を弱めた生きたウイルスを用いるタイプで、免疫をしっかりと誘導してくれます。1回打てば数十年は有効とされ、追加接種も必要ないといわれています（Ref.10）。

なぜ天然痘のワクチンは1回接種すれば有効なのでしょうか。免疫の記憶が持続する時間はウイルスによって異なります。例えば一度見ただけで強烈に記憶が残る景色と、すぐに忘れてしまう景色があると思います。免疫も似たような感じなのかもしれません。あるいは、天然痘ワクチン（種痘）はかなり長期間、体のどこかに潜んでいて抗原刺激を送っているのかもしれません。

（5）天然痘ワクチンは熱に強い

種痘はワクシニアウイルスですが、このウイルスは熱に強いという特性があります（Ref.11）。多くのウイルスは温度が高くなると不活化します。それらに対応するワクチンも熱に弱いことが多く、冷蔵保存が基本的に求められます。特に、生ワクチンは冷蔵保存が基本です。しかし、ワクシニアウイルスが比較的熱安定性が高いので、一時的に冷蔵保存できなくても、効力が一気に弱くなることはありません。この性質はとても重要です。冷蔵庫や電気のないところにもっていくことが容易になるからです。電力や交通のインフラが整っていない奥地ではコールドチェーンが一時的にも途切れてしまう可能性があります。

（６）感染すると必ず発症する

天然痘は感染したら必ず発症します。この特徴も重要です。新型コロナのような不顕性の感染がありません。新型コロナの対策が厄介だったのは、発症しない人が少なからずいて、その不顕性の人からもウイルスがうつる可能性があることでした。発症しないと、隔離が難しくなり、コントロールがとても難しくなるのです。

天然痘では前駆期（症状は急激な発熱、頭痛、四肢痛など）を経て発疹が出るという臨床経過を辿ります。ウイルスが他者にうつるのは、主に発疹初期からなので、前駆期に感染を疑うことができれば、感染拡大の前に隔離できます。

ワクチンを世界中の人に打つ必要はありません。流行地域でウイルスがうつりそうな条件に合う人だけが接種すれば、ウイルスのうつる先がなくなっていき、最後にはウイルスは姿を消します。感染者が現れたら、すぐに隔離して、接触した人の移動を制限し、感染しそうな人にワクチンを打つのです。

変異の少ないウイルスであり、必ず発症するウイルスであり、囲い込みがしやすいウイルスであり、できが良く効果的で安全、かつ温度管理があまりいらないワクチンがあるならば、このワクチンを打つことを繰り返していけばよいのです。

人類はなぜ天然痘を撲滅できたのか。それはこのような幸運がそろったからなのです。天然痘の撲滅の話は、非常に示唆に富んでいます。今見てきたように、ウイルスを撲滅するにはとても多くの条件が重なる必要があるのです。

市民講座などでお話をすると、わりと多くの方がウイルスを簡単に撲滅できると考えています。その考え方の背景には天然痘の撲滅についての知識があるのではないかと思いますが、天然痘ウイルスの撲滅から本当に学ぶべきは「天然痘撲滅は非常にまれなケースであり、感染症の撲滅は一般的には極めて難しい」ということなのです。

そしてこのことは、ほとんどのウイルスは人類と共存していく存在である、ということを意味しています。ウイルスはただ病気を引き起こすだけの存在ではないのです。ウイルスの遺伝子を運ぶはたらきについて、後の章で取り上げたいと思います。

第4章

細胞間情報伝達粒子がウイルスになった？

——エクソソームがウイルスの起源なのか……

エクソソームとは

皆さんはエクソソーム（Exosome）という言葉を聞いたことがあるでしょうか。エクソソームは細胞から分泌される粒子径50－150ナノメートル程の粒状の物質です。その表面は細胞膜由来の脂質、タンパク質を含み、内部には細胞内のマイクロRNA（miRNA）やmRNAなどの核酸を含んでいます。

細胞が細胞外の物質を取り込む過程の一つにエンドサイトーシスというものがあります（図11）。エンドサイトーシスによって細胞内に形成される小胞のことをエンドソームと呼び、このエンドソームがさらに陥入することで作られた膜小胞が細胞外に放出されたものが、エクソソームです。

ウイルスがエクソソームの機構を利用したのか？

エクソソームが発見されたのは1983年です。当初は、なぜこのようなものが細胞から出てくるのかわかりませんでしたし、重要な役割を担っているとは考えられていませんでした。

図11　エンドソームとエクソソームの生成過程

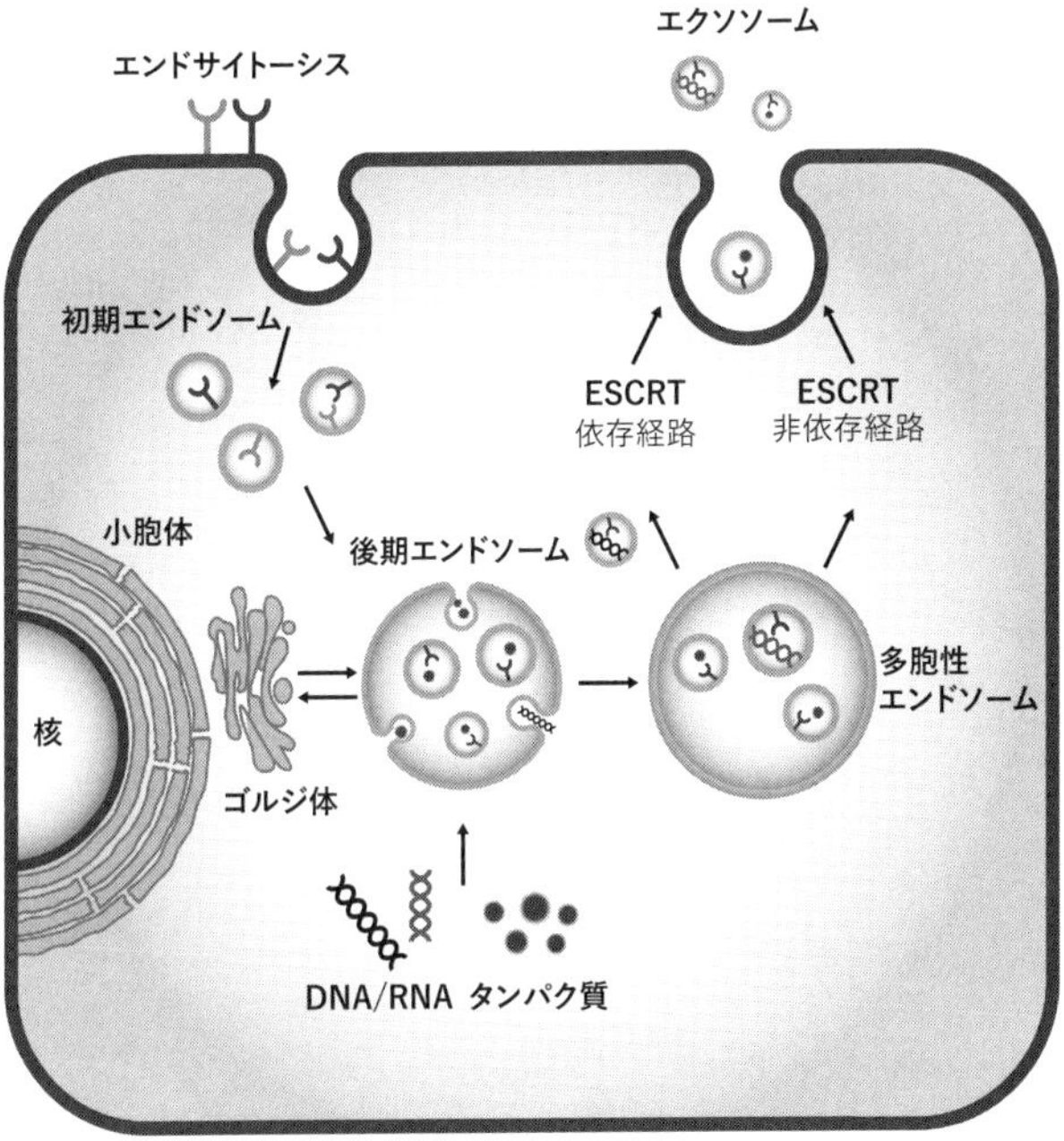

出典：Choi JU, Park IK, Lee YK, Hwang SR. (2020). The biological function and therapeutic potential of exosomes in cancer: exosomes as efficient nanocommunicators for cancer therapy. *Int. J. Mol. Sci.* 21(19): 7363.（翻訳、一部改変のうえ掲載）

しかし、1990年代の後半から2000年代にかけて、エクソソームを介して細胞のmiRNAがほかの細胞に移動しているとわかったのです。細胞間で情報の伝達をしているのではないかと注目されるようになりました。

miRNAは、塩基が20数個ほどの1本鎖の短いRNA分子です。miRNAは、線虫の成長に異常のある変異体の遺伝子解析で初めて見つかりました(Ref.12)。さらに、ヒトのがん化の抑制にもmiRNAがはたらいていることがわかり(Ref.13)、miRNAが注目されるようになりました。

すでに触れましたが、細胞の中には染色体に含まれるDNAやそれを転写してできるmRNA以外の核酸がいろいろとあります。この短いRNAであるmiRNAはタンパク質の発現量を調節するのに重要なはたらきをします。タンパク質の合成で中心的な役割を担うmRNAに結合して、タンパク質を合成できないようにするのです(図12)。

ただし、すべて合成しないようにはたらくのではなく、あるタンパク質は半分ほどに抑え、別のタンパク質は3割ほど減らすといった具合にはたらきかけ、結果的に量的な調整をするのです。つまり、体の中のさまざまな機能が全体としてバランスよくはたらくように、miRNAが各部でタンパク質の発現量などを適宜コントロールしているのです。遺伝子発

図12　miRNAの概要

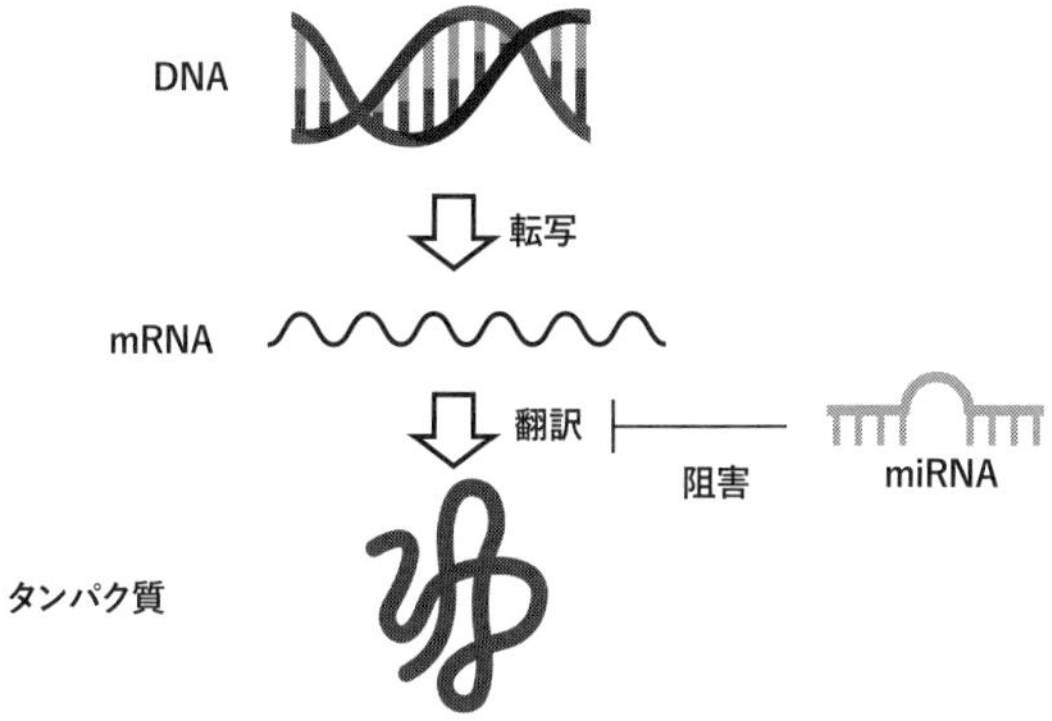

Created with BioRender.com
miRNAは20数塩基程度の低分子ノンコーディングRNA。mRNAの翻訳阻害を行うことで宿主の遺伝子発現系を制御する

現の制御機能をもつmiRNAは数百種類知られています。

また、現在の細胞生物学の研究では、このmiRNAと同じ原理の方法がよく活用されています。例えば、細胞の中で作られる特定のタンパク質を意図的に減らしたいとき、これを特異的に抑制できる短いRNA（これをsi《エスアイ》RNAと呼んでいます）を細胞内に導入します。siRNAは化学合成された2本鎖の短いRNAで、1本鎖のmiRNAとは区別されます。細胞内にsiRNAを導入すると、特定のmRNAが分解されて、タンパク質の発現量が下がります。このようにして、特定のタンパク質の多いときと少ないときで、細胞内でどのような変化が生じるのかを調べることで、そのタンパク質の役割を知ることができるのです。

興味深いことに、近年、エクソソームの中に入っているｍｉＲＮＡが、がんの発生や転移に深く関わっていることがわかってきました（Ref.14）。がんの細胞から出てきたエクソソームが、別の場所の細胞に取り込まれると、エクソソーム中のｍｉＲＮＡのはたらきによって、がんを許容するような状態になり、がんが転移したり、増えたりするのです。エクソソームのはたらきを制御できれば、がんの治療に応用できるかもしれません。また、特定のがんから産生されるエクソソームに含まれるｍｉＲＮＡの種類もわかってきて、尿や血液中のエクソソーム内のｍｉＲＮＡの組成を調べることで、がんのスクリーニング検査が実用化され、早期発見やがんの種類の推定ができるようになってきました。

また、ｍｉＲＮＡは母体における胎児の発育にも関与していることが明らかになりつつあります（Ref.15）。簡単にいうと、お母さんの細胞からエクソソームが出てきて、胎児がそれをキャッチし、逆に胎児も細胞からエクソソームを出して、お母さんがキャッチしているようなのです。何らかの情報のやりとりをしているのかもしれません。

エクソソームは粒子内部のｍｉＲＮＡを介して、細胞間のコミュニケーションにはたらいているのは確かでしょう。細胞間のコミュニケーションといえば、例えば、細胞から分泌されるタンパク質である「サイトカイン」がよく知られています。サイトカインの仲間には、インターフェロンやインターロイキンなどが知られています。インターフェロンは細胞を抗ウイルス状態に導きます。インターロイキンにもさまざまな種類があり、それぞれ特定の免疫細胞の増殖を促したりします。

これらの細胞間のコミュニケーションを担うタンパク質は、これまでに多くの研究がされてきましたが、今はエクソソームに含まれるｍｉＲＮＡの研究も盛んになっていて、そのはたらきが少しずつ見えてきました。

短い長さのＲＮＡを抱えて細胞から飛び出し、情報を伝達するエクソソーム。そのサイズはだいたい粒子径50－１５０ナノメートル。ちょうどレトロウイルスやコロナウイルスの大きさなのです。

レトロウイルスとエクソソームの類似性

エクソソームの表面にはＣＤ９やＣＤ63などのテトラスパニン類（細胞膜を４回貫通する構造をもつ膜タンパク質の総称）に属するタンパク質が含まれており、内部にはＴｓｇ１０１、ＡｌｉｘなどのＥＳＣＲＴ複合体を構成するタンパク質が見られます。ＥＳＣＲＴ複合体は、endosomal sorting complex required for transport complex の略です。実は、私はこの事実を知ったときに、すぐレトロウイルスとの類似性に気がつきました。というのも、レトロウイルスにはＣＤ９やＣＤ63、ＥＳＣＲＴ関連タンパク質が含まれているのです（図13）。

１９９４年にネコ免疫不全ウイルス（ＦＩＶ）の感染受容体がＣＤ９であると報告されたことがありました（Ref.16）。ＣＤ９に対する抗体が、ＦＩＶの感染を阻止したのでＣＤ９がＦＩＶの受容体であると思われたのです。それは後に誤りであることがわかったのですが、ＣＤ９がレトロウイルスの粒子に乗っていること、ＣＤ９がウイルスの粒子形成にも関わっていることがわかっています。

またＣＤ９は受精にも関係しています（Ref.17）。受精も精子の膜が卵子の膜に融合することで起こります。それは一部のウイルスの感染機構と類似しています。ＣＤ63もヒト免疫不全ウイルス（ＨＩＶ）の粒子に取り込まれており、感染に関わっていることも知られています（Ref.18）。

レトロウイルスがＴｓｇ１０１やＡｌｉｘなどのＥＳＣＲＴ関連タンパク質を含むこともレトロウイルス研究者には広く知られていることです。なぜ、Ｔｓｇ１０１やＡｌｉｘを含むかというと、これらのタンパク質が多胞性エンドソーム（Multivesicular body：ＭＶＢ）の

図13　レトロウイルスとエクソソームの構造類似性

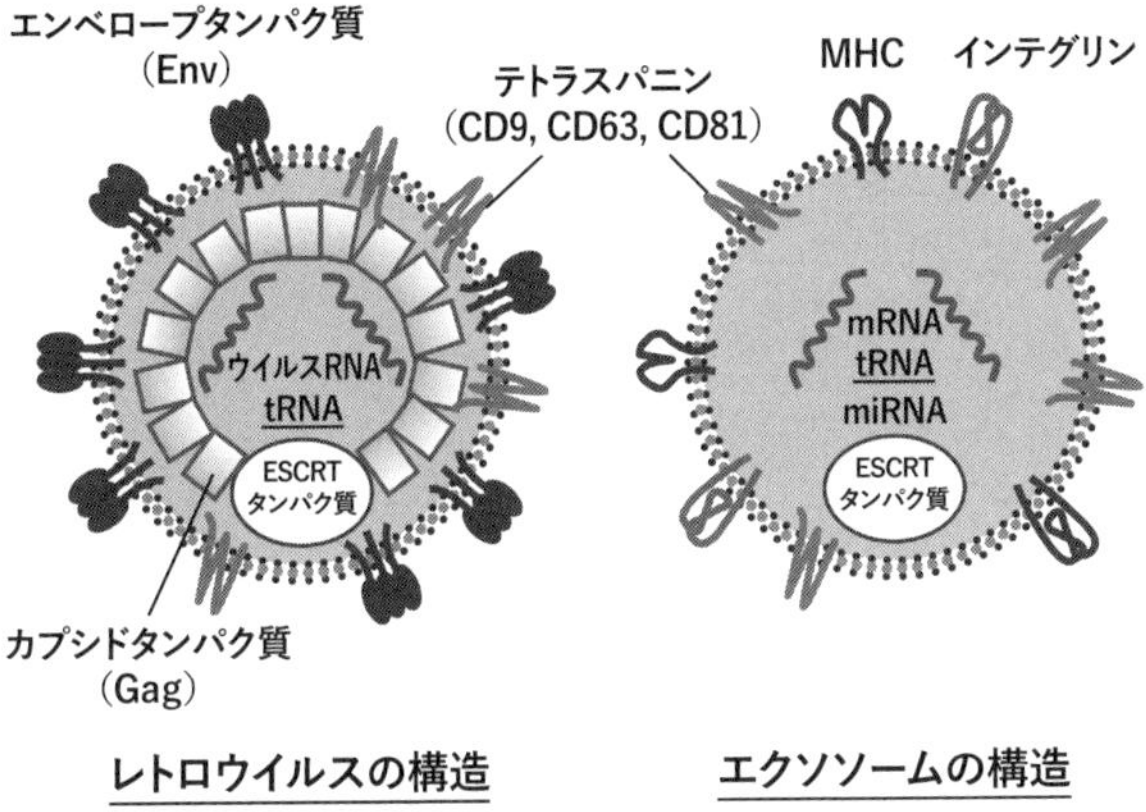

システムに必要だからです。つまり、エクソソームの粒子形成の過程とレトロウイルスの粒子形成の過程には類似性があり、同じ経路を使っていると考えられるのです（Ref.19）。

研究の現場ではエクソソームを精製するキットが市販されているので、我々のような研究者はそれを使ってエクソソームを集めることもあります。実は、エクソソーム精製キットでレトロウイルスも集めることができるのです。エクソソーム精製キットはエクソソームに乗っている特定の物質（テトラスパニンなど）を目印に粒子を集めるのですが、レトロウイルスの粒子にもその目印の物質が乗っているからです。

多くの研究者がエクソソームの生理活性の研究をするために、エクソソームを集めてきて、細胞や動物に接種してその効果を調べています。しかしながら、実験した人がエクソソームとして集めてきた粒子が、内在性レトロウイルス（宿主のゲノムと一体化したレトロウイルス）の粒子である可能性もあります。エクソソームの生理活性だと思ったことは、実は内在性レトロウイルス粒子の生理活性だったかもしれません。

このような実験をしていると、レトロウイルスとエクソソームの違いがわからなくなってきます。レトロウイルスとエクソソームの大きな違いは、カプシドタンパク質でできるウイルスコア（殻《かく》）という構造をもつかもたないかです。また、レトロウイルスの場合は粒子の中に自己増殖機能を司るウイルスゲノムRNAが包まれていて、エクソソームの場合は自己増殖機能をもたないmiRNAが包まれています。それ以外はどちらもほぼ同じ材料からできています。

私たちの体の中には、大昔にレトロウイルスに感染して体内に内在化することでもたらされた機能がいくつもあります。内在性レトロウイルスのはたらきについては次の章で詳しく説明します。この内在性レトロウイルスは、今も私たちの細胞から粒子を作り出しています。特に、胎盤では、たくさんの粒子が作られていることが知られています。つまり、胎盤の細胞は古代のレトロウイルス由来の粒子も産生しているということです。

内在性レトロウイルスは、定義的にはエクソソームとは明確に区別できるものです。しかし、現代の技術をもってしても、エクソソームと内在性レトロウイルスの粒子を物理的に分離することは困難なのです。完全に分離することができるようになったら、とても面白い研究ができると思います。

私は一部の内在性レトロウイルス粒子はｍｉＲＮＡを含んでいる可能性はあると考えています。

ｍｉＲＮＡを大量に作り出す非病原性レトロウイルス

レトロウイルスは大きく２種類（分類では亜科）に分けられます。一つはオルソレトロウイルス亜科で、もう一つはスプーマレトロウイルス亜科というものです。スプーマレトロウイルスはフォーミーウイルスとも呼ばれます。フォーミー（Foamy）は英語で「泡状の」という意味です。このウイルスを細胞に感染させると大きな融合細胞を作ります。その融合細胞が光学顕微鏡下で泡状に見えることから、この名前がつけられました。

私にとっては、フォーミーウイルスはとても興味がそそられるウイルスです。フォーミーウイルスは宿主に感染すると、一生感染し続けます。免疫がウイルスを体から排除させることはできないのです。ですから一旦動物にフォーミーウイルスが感染すると、その動物からは一生ウイルスが分離できます。

ところが、不思議なことがあります。フォーミーウイルスは培養細胞では強い細胞傷害活性をもっているので、宿主に病気を起こしそうなものなのですが、個体レベルでは非病原性なのです。普通は、ウイルスが細胞を殺したり、変調に導くことで病原性が発揮されるのですが、このフォーミーウイルスはその理屈に合わないのです。

しかも、このフォーミーウイルスはとても不思議な性質をもっています。フォーミーウイルスが感染し、そのゲノムが細胞に組み込まれると、大量にmiRNAを作るのです。

ニホンザルはこのフォーミーウイルスに感染した個体がとても多いです。歳を取るにつれて感染率が上がっていくのですが、大人になったニホンザルのほとんどはこのウイルスに感染しています（Ref.20）。ニホンザルにおいてもこのウイルスは病気を起こしていないと考えられています。

ニホンザルのフォーミーウイルス（サルフォーミーウイルス：SFV）をヒトの横紋筋肉腫《おうもんきんにくしゅ》由来細胞（TE671細胞）に感染させると、ほとんどの細胞は死んでしまいます。しかし、生き残った細胞ではSFVが産生され続けています。生き残った細胞由来のSFVを未感染のTE671細胞に感染させると、同じように細胞は死んでしまうので、弱毒化した変異ウイルスが出現して細胞が死ななくなったというわけではなさそうです。

SFVが持続感染した細胞を調べると、ある特定のmiRNAが大量に産生されていることがわかりました（Ref.21）。しかも、そのmiRNAはSFV由来だったのです。つまりSFVは、TE671細胞に感染してプロウイルス（ウイルスの遺伝情報が宿主のゲノムに組込まれた状態）になると、その細胞で、ある特定のmiRNAを産生するようになります。そのmiRNAの配列はSFVにもともと備わっているのです（これをmiRNAをコードするといいます）。宿主の細胞もmiRNAを作るのですが、SFVはまるで宿主の細胞のmiRNA産生システムを乗っとるかのように、自身がコードするmiRNAを大量に作るのです。

がんを抑制するウイルス由来miRNA

SFV由来のmiRNAは一体何をしているのでしょうか。SFVが持続感染しているTE671細胞内のmRNAを調べると、CAP1というタンパク質をコードするmRNAが減少していることがわかりました（Ref.21）。また、mRNAレベルで減少しているだけでなく、タンパク質レベルでも著しく減少していました。CAP1のmRNAには、SFV由来のmiRNAが結合する配列があり、そこにSFV由来のmiRNAが結合して、CAP1タンパク質の発現を特異的に抑制することがわかりました。興味深いことにCAP1タンパク質は腫瘍《しゅよう》の悪性化に関与しています。ですので、SFVは腫瘍抑制性のmiRNAを大量に作っていることになります。

通常、レトロウイルスは腫瘍を誘導することが多いのですが、フォーミーウイルスは腫瘍を誘導することはないと考えられています。逆に、フォーミーウイルス自体が腫瘍抑制性のmiRNAを大量に発現しているのです。

フォーミーウイルスはほ乳類に感染するレトロウイルスの中でもっとも古いレトロウイルスと考えられています（Ref.22）。おそらく中生代（2億5000万年前から6550万年前）の頃から存在していたレトロウイルスだと推測されています。長い歴史の中でフォーミーウイルスは宿主と共存していたのでしょう。宿主に有利なmiRNAを大量に発現させることで、WIN-WINの関係になったとも考えられます。

ウイルス由来のmiRNAは、他のレトロウイルスやヘルペスウイルスなどで見つかっていますが、ウイルス由来のmiRNAの利点に関する解析はほとんどなされていません。多くの研究者は病原性と関係があると考えているようですが、非病原性のフォーミーウイルスを見る限り、ウイルス由来のｍｉＲＮＡが悪いことだけをしているのではないと考えられます。

興味深いことに、ウシでは、ウシフォーミーウイルス（ＢＦＶ）に感染している乳牛の方が、産生する乳量が多いという結果も出ています（Ref.23）。ＢＦＶ由来のｍｉＲＮＡが内分泌系にも影響を及ぼして、乳量をアップさせている可能性もあるかと思います。

ウイルスの起源はエクソソームかもしれない

ここからは私の推論です。

ウイルスにはいろいろな種類がありますが、もしかしたら多くのウイルスは、エクソソームの進化バージョンだったのかもしれません。

先ほど述べたように、エクソソームで使われている粒子形式機構は、ウイルスで使われている機構とよく似ているのです。エクソソームで使われている機構をうまくウイルスが使ったとも考えられます。

細胞間で情報の伝達ができるエクソソームが体外に出れば、それを別の個体が取り込んで、そのメッセージをキャッチできるかもしれません。つまり、遺伝子調節物質が個体間で移動することになります。その可能性はありますが、呼気から体外に放出されるエクソソームはあまりに微量で、吸い込んだ個体に影響を及ぼすことはなさそうです。しかし、エクソソームに含まれるmiRNAの種類によっては影響を及ぼす可能性は否定できません。もしそのようなことが確認されれば、これは生物学的にとても興味深い現象として大きな注目を集めるでしょう。

いずれも仮説の話ですが、「ウイルス＝エクソソーム」は種を越えて生物をつなげる因子なのかもしれないと、私は想像しないではいられません。ウイルスはときには免疫システムをおかしくする病気をもたらしますが、細胞や個体同士で影響を与え合う因子なのかもしれない。科学的な興味としてもつのは悪くないでしょう。

ウイルスが存在する意味は今でもよくわかっていません。少し科学的にいうと、その生物学的な機能がよくわからないのです。しかし、次の章で紹介するように、レトロウイルスは、生物のゲノムを複雑化する役割をもっていることがわかってきました。そのほかのウイルスについては生物学的、あるいは生理学的機能（存在意義）がよくわかりませんが、個体間で遺伝子を運んだり、細胞間の情報伝達をしている可能性があり、むしろそちらが本来の役割だったのかもしれないのです。

ウイルスは単体では存続し得ません。宿主の細胞がないとウイルスは増殖できません。そのため「ウイルスは生物なのか、無生物なのか」という議論が続けられてきたわけですが、もしウイルスをエクソソームの進化バージョンと捉えたら、この議論を新たなステージに引き上げることもできるかもしれません。ウイルスももともとは細胞間のコミュニケーションツールだったわけで、ウイルスも「細胞の一部が飛び出て細胞間や個体間でコミュニケーションをとるために発展したものだ」といえるのかもしれないということです。

この着想を新たな学問分野にするには、科学的に仮説を立てて、それを証明するように研究するしかありません。これは、生物学的にとても意義のある研究になると私は思っています。

第5章

レトロウイルスの起源と本来の役割

さまよえる遺伝子

19世紀のドイツの作曲家、リヒャルト・ワーグナー（1813－1883）の有名なオペラに「さまよえるオランダ人」という曲があります。17世紀から18世紀にかけて、オランダは海洋国家として世界進出をしていました。その中で海が荒れて難破して沈んでしまったオランダの船も多かったのだと思います。そのためでしょうか、幽霊船伝説というものが生まれました。「さまよえるオランダ人」はその幽霊船伝説をオペラにしたものです。

冒頭の場面では、その幽霊船の船長であるオランダ人が登場し嘆きます。「神を罵った罰で呪いを受けて、海をひたすらさまよっている。7年に一度上陸できるが、乙女の愛がなければ呪いは解かれず、死ぬことも許されず、永遠に海をさまよわなければならない」。

7年に一度寄港を許されるが、それ以外はずっと海をさまよわなければならない。それが主人公の境遇なのですが、私にはそのストーリーとウイルスのライフサイクル（生活環）が重なります。港が細胞で幽霊船がウイルスというわけです。細胞と細胞を渡り歩かなければならないのがウイルスです。

ウイルスの多くは、細胞に感染すると細胞を殺してしまいます。せっかく辿り着いた居場所である細胞を壊してしまうので、悲しいことに細胞を渡り歩かなければ自分を保つことはできません。しかも、外に出たウイルスは比較的短時間に感染性を失ってしまうので、感染性をもっている間に次の細胞（個体）に感染しないとならないのです。

ところが例外もあります。細胞を殺さずに、細胞の中に入ったまま細胞と一緒に生き延びるウイルスです。この細胞を殺さないウイルスの一つに白血病ウイルスがあります。白血病ウイルスは複製過程で感染細胞を殺すことはありません（ごく一部の例外を除く）。逆に、感染細胞をがん化させることによって、宿主体内で細胞とともに増えていきます。

さまよえるオランダ人にたとえると、白血病ウイルスは寄港先で長い間上陸が許されるウイルスになるのでしょう。しかし白血病ウイルスでさえ、個体が亡くなる前に外界に飛び出して、次の個体にうつっていかなければなりません。

白血病ウイルスはレトロウイルスの仲間です。レトロウイルスの生活環については第1章にも書きましたが（図4参照）、自身の遺伝情報を宿主のゲノムDNAに組み込みます。ゲノムはヒトではおよそ30億もの塩基（A、G、C、T）が並んでいます。実際にはDNAは2本鎖になっていて、AとT、GとCが対合します。したがって30億塩基対になります。片側の塩基の連なりを文字にたとえれば30億文字になります。この新書はおよそ10万字ですから、この本3万冊分の情報なのです。新書の厚さを1㎝とすると、3万冊を本棚に並べた状態で300メートルということになります。

レトロウイルスのゲノムは1本鎖のRNAでできていますが、およそ7500〜11000塩基です。細胞の中にDNAとして組み込まれるときは、もとのウイルスゲノムRNAよりも少し長くなりますが、およそ1万塩基対と考えてよいと思います。文字にたとえると新書で少し短めの1章になります。レトロウイルスが感染したときの情報の流れを本にたとえると、本棚に300メートルも並んだ新書に、短めの1章を書き足すということです。しかし、ほんの少し情報を書き足すだけで、宿主はがん（白血病やリンパ腫）になってしまうということになります。

ヒトゲノムの9%は、内在性レトロウイルス

先述したとおり、レトロウイルスが感染すると、宿主のゲノムにウイルスの情報が書き込まれます。しかし、その情報量は宿主全体のゲノムの情報量のごく一部になります。30億分の1万ということですから、百分率で換算すると0・00033パーセントに過ぎません。それでも宿主は病気になってしまうのです。

　このように書くと、レトロウイルスはひどい侵略者だということになるのですが、ことは簡単ではありません。実は、私たちのゲノム情報のおよそ９％がレトロウイルス（あるいはそれに類似したもの）によってもたらされたものなのです（Ref.24）。30億塩基対の９％ですから、単純に計算すると２億７０００万個のレトロウイルスの情報が私たちのゲノムの中に入っているのです。実際には一部が欠損しているものが多いので、個数はもっと多くなります。生まれながらにして組み込まれているレトロウイルスの配列を「内在性レトロウイルス（Endogenous Retrovirus：ＥＲＶ）」と呼んでいます。

　感染してレトロウイルスの情報が細胞のゲノムに書き込まれるのは、感染した細胞に限られます。しかし、私たちの体を構成するすべての細胞のＤＮＡにレトロウイルスの情報が９％も含まれているのです。ごく一部の体細胞にレトロウイルスの情報が書き込まれるだけで病気になるというのに、もともと私たちの体の細胞すべてにおびただしい数（コピー数）のレトロウイルスの情報が入っているのです。

　ただし、ヒトのゲノムに書き込まれている内在性レトロウイルスの情報からは、感染性のレトロウイルスはできません。過去に生殖細胞に入り込んだ痕跡があるということなのです。ほとんどすべての内在性レトロウイルスの配列はストップコドン（タンパク質の合成を終わらせる塩基配列）が入って不活性の状態になっています。

私たち動物は長い時間をかけて進化してきました。脊椎動物である人類は、原索動物《げんさくどうぶつ》であるホヤの子孫です。ホヤというのは海にいる動物で岩に張り付いてプランクトンを食べている生き物です。そのような生き物から、少しずつ進化して、私たち人類も生まれてきたのです。その長い進化の過程で、レトロウイルスの仲間は私たちのゲノムに入り込んできました。

一体どういうことなのでしょうか。これを理解するためには、転移因子（Transposable Element：TE）を理解しなければなりません。少し長くなりますが、お付き合いください。

冗長性が増すと「良い変異」が入りやすくなる

この地球で誕生したばかりの生き物は、とても小さく、ゲノムのサイズも小さかったはずです。そんな生き物から、やがて複雑な植物や水中を泳ぐ大型動物、空飛ぶ昆虫や動物、道具を使う動物などに進化していきました。進化して体の構造が複雑化して、種の多様性が広がるということは、ゲノムのコンテンツも多様になるということでもあります。

進化の一つの側面は、ゲノムの遺伝情報を増やしていくことにあります。ゲノムが増えないと、多様性も生まれないからです。『京大　おどろきのウイルス学講義』でも少し書きましたが、生き物の進化を振り返ると、生物たちの大進化のタイミングがいくつかあり、そのたびにゲノムサイズを増大させています。

例えば20億年前、原核生物から真核生物になったときにDNAの重複が起こってゲノムのサイズが大きくなりました。10億年前、単細胞生物から多細胞生物になったときにもゲノムサイズが大きくなりました。そして5億年前に無脊椎動物から脊椎動物になったときもゲノムサイズが増大し、それから魚類や無顎類《むがくるい》（ヤツメウナギやヌタウナギなど）が誕生して、その後に爬虫類《はちゅうるい》が誕生したのでした（Ref.25）。

このようにゲノムの量は不変ではなく、時に一気に増えることがあるのです。もっとも大きな影響があるパターンはゲノムの倍加です。ゲノムが1セット丸々増えてしまうのです。ゲノム全体が倍加しなくても、一部の遺伝子が重複することがあります。この遺伝子重複という考え方は、とても重要なので、もう少し説明します。

遺伝子が重複すると、これまで通り生存に必要な遺伝子を保持することができます。DNAが増えたことから突然変異もより多く蓄えやすくなるので、新しい機能を発現する「良い変異」が生じやすくなる可能性も高まります。

また、このようにゲノムが重複すると、トライ&エラーもしやすくなります。なぜかというと、ゲノムに変異が入ったとき、その場所が生存に必要な遺伝子に関わるところだと生存できなくなる可能性がありますが、ほかの場所にある同じ遺伝子が無傷であればそれをバックアップとして使うことで、生存し続けることが可能になります。

つまり、生存に必要な遺伝子に対する悪影響を減らしながら、新しい機能を獲得し、変化する環境にも適応しやすくなる「良い変異」を得る確率を上げられるのです。遺伝子が重複すると、変化する環境に適応できる可能性が上がるということです。

この考え方は「遺伝子重複説」とも呼ばれ、米国で研究活動をしていた著名な生物学者で獣医師の大野乾《すすむ》先生（1928-2000）が提唱されていたことで知られます。大野先生は私が大学生の頃、『実験医学』という雑誌に「大いなる仮説」という記事を連載されていました。大野先生はとてもユニークな仮説を提唱される方でした。遺伝子配列を音楽に変換することも試み、バッハの曲に類似すると書かれていました。

DNAをカット&ペーストする「トランスポゾン」

生物は、ゲノムの量を増やすことで、進化の階段を上がってきました。

さらに、生き物はゲノムのコンテンツを複雑化する新たな方法を手に入れます。遺伝子（ＤＮＡ）を飛ばすという方法です。これについても『京大　おどろきのウイルス学講義』に書きましたので、詳しくはそちらをお読みいただければと思うのですが、ＤＮＡの配列は細胞の中でゲノム上を移動することがあるのです。

ゲノムを移動していく配列を転移因子と呼びます。配列がＤＮＡのまま移動することをトランスポジションと呼び、動く因子は「トランスポゾン」と呼ばれます。この場合、基本的にはカット＆ペーストになるのでゲノムサイズは変わりませんが、場所が変わることによってゲノムに変異が生じることがあります。

このトランスポゾンに関わる研究で有名なのは、飛ぶ遺伝子の存在を明らかにしたトウモロコシの研究です。米国の遺伝学者であるバーバラ・マクリントック（１９０２－１９９２）によるものです。トウモロコシの実の粒（種子）には、色の異なるものが混ざって、トウモロコシがまだら模様になることがあります。この原因を調べていくと、この色に関わる遺伝子（ＤＮＡ）が所定の位置から離れて別の場所に移動していたことがわかったのです(Ref.26)。

まるで遺伝子が飛んでゲノム上に着地してそこに入り込んだという現象です。パソコンの

「カット&ペースト」という編集スキルに似たようなことがゲノム上で行われていたわけです。ヒトのゲノムにも、このトランスポゾンのDNAがあります。トランスポジションはゲノムを変化させる一つの仕組みであるといえます。

名古屋大学理学部に在籍されていた古賀章彦先生（現京都大学ヒト行動進化研究センター教授）と飯田敦夫先生（現名古屋大学大学院生命農学研究科助教）は、このトランスポジションの現象をリアルタイムで追うという、とてもおもしろい研究をされていました。メダカを用いたユニークな研究です。

研究対象となったメダカたちの間ではときどき白い個体が現れました。目の色も薄いアルビノで、ときには片目だけがアルビノの個体も出たそうです。その変異について遺伝子を調べていったら、原因はトランスポゾンにあることが解明されました。解析すると、トランスポゾンがどう飛んだのかがわかったのです（Ref.27）。

興味深かったのは、トランスポゾンが1回飛んだあとに、さらにそれがどこかに飛んでいってしまった事例もあったことです。その際、DNAの塩基配列はきちんともとに戻らず、不完全な配列となり中途半端な色になったケースもありました。つまり、トランスポジションの際には単なるカット&ペーストではなく、さまざまな変異が入るようなのです。結果だけを見ると、なぜそのような配列になったのかは理解できないのですが、リアルタイムで追い続けていたので、その配列が一度飛んだトランスポゾンが抜けたことによって起こったことがわかったのでした。

通常の研究では、ゲノムの変異はかなり時間が経ってから調べるので、トランスポゾンが他から入って抜けた場所を後から特定するのは非常に難しいところがあります。この研究が画期的だったのは、リアルタイムで変異を追いかけて、トランスポゾンがどのように飛んでメダカの形質がかわったのかを追跡したところです。

コピー＆ペーストで増やす「レトロトランスポゾン」

生物は、遺伝子を飛ばす「トランスポジション」だけでなく、さらに別のゲノムコンテンツを増やす方法を手に入れました。「レトロトランスポジション」です。

トランスポジションがＤＮＡのカット＆ペーストとするならば、レトロトランスポジションはＤＮＡのコピー＆ペーストです。ＲＮＡを介して、ＤＮＡをコピーするように増やしていけるので、トランスポジションとは違い、ゲノムの量を増やすことができます。先述しましたが、ゲノムの量を増やすことができると、本来の機能を温存しながら進化の可能性を上げることができます。

レトロトランスポジションは、ＤＮＡの一部を直接他の場所に移すわけではありません。ｍＲＮＡに一度転写し、さらにそのＲＮＡからＤＮＡに逆転写するのです。セントラル・ドグマ（ＤＮＡからＲＮＡが転写され、ＲＮＡが翻訳されてタンパク質が作られる機構。あらゆる生物に共通することからセントラル・ドグマ＝中心教義といわれる）では、遺伝情報はＤＮＡからＲＮＡに一方向に流れることになっていましたが、実際にはその逆（レトロ）もあったという話です。

このあたりのことも『京大　おどろきのウイルス学講義』に書いたので詳しい説明はそちらに譲りますが、このレトロトランスポジションでコピー＆ペーストされた因子であるレトロトランスポゾンには大きく分けて、「ＳＩＮＥ（短鎖散在反復配列）」「ＬＩＮＥ（長鎖散在反復配列）」「内在性レトロウイルス（ＬＴＲ型レトロトランスポゾン）」という3種類があります。ＬＴＲとは、Long Terminal Repeat（長い末端反復配列）の頭文字をとったもので、内在性レトロウイルスにはこのＬＴＲが配列の両端についています。

ＳＩＮＥとＬＩＮＥの最大の違いは、コピーするＤＮＡの長さです。ＳＩＮＥは短く、ＬＩＮＥは長いのが特徴です。また、ＬＩＮＥは逆転写酵素の遺伝子をもっていて、ＳＩＮＥ

にはありません。しかし、ＳＩＮＥはＬＩＮＥの逆転写酵素を借りて逆転写して増えていきます。ＳＩＮＥはタンパク質を作る遺伝子ではありませんが、はじめからあった遺伝子をはたらかなくしたり、それまでとは違う形でタンパク質合成の制御をしたりすることができます。レトロトランスポジションによって、まったく別の機能をもつタンパク質が合成される場合もあります。

また、レトロトランスポジションも、先に説明したトランスポジションのようにきちんと作業しない一面があります。ＤＮＡをコピー＆ペーストするときに、近傍のＤＮＡを連れ出してしまい、結果的に変異を与えるのです。これが、新しい遺伝子を作るのに役立つときがあります。

レトロトランスポゾンは進化に大きく寄与している

生物は、染色体を増やして遺伝子を重複させたり、トランスポゾンでＤＮＡ配列を飛ばしたり、レトロトランスポゾンでＤＮＡ配列をコピー＆ペーストしたりして、ゲノムコンテンツをダイナミックに変えながら増やしてきました。

例えば、トウモロコシやコムギなどの植物では、ゲノムの８割以上がレトロトランスポゾンで占められます（Ref.28）。ヒトゲノムの場合も、３割を超えるＤＮＡがＳＩＮＥやＬＩＮＥです（Ref.24、Ref.29）。内在性レトロウイルスを含めれば、約４割です。すなわち、ヒトは進化の過程で、ゲノムをかなりの割合でレトロトランスポジションによって増やしてきたのです。

レトロトランスポゾンがヒトを含むほ乳類の進化に関わっていた例を紹介したいと思います。

ほ乳類の特徴の一つは、子どもを乳で育てることです。ほ乳類の「ほ乳」とは、まさに子どもに乳を飲ませることです。

ほ乳を可能にするときに重要なことが二つあります。一つは親（母親）が乳を飲ませられる機能をもつこと（主に乳房を発達させること）。もう一つは、子どもが乳を吸えるように口の中を陰圧にできることです。親が乳を出せるようになっても、子どもがそれを口にくわえて口内を陰圧にできなければ、母体から栄養素を得ることができません。子どもが口内を陰圧にできる体になったのは、口腔《こうくう》の構造（二次口蓋）の形が変わったからです。レトロトランスポゾンのＳＩＮＥは、この口に関わる遺伝子のところに入り、遺伝子の発現状況を変えて、ほ乳できるようにしたと考えられています（Ref.30）。

実は、乳を出す生き物は、ほ乳類だけではありません。ディスカスという魚は乳のように栄養素を体の一部から出して、それを子どもが摂取します。ハイランドカープという魚はお腹の中で子どもに栄養をあげています（Ref.31）。しかし、これらの種の子どもは母親の乳房を吸うわけではありません。出されたものをなめたり飲んだりするだけです。こうして比べると、ほ乳類の特徴は、乳が出ることではなく、子どもが乳を吸えることにあるといえるでしょう。

さらに驚くべきことに、ＳＩＮＥが乳腺《にゅうせん》の形成に関与していることもわかってきました（Ref.32）。人間の赤ちゃんが母乳やほ乳瓶のミルクを吸えるのは、ＳＩＮＥが飛んでゲノムに変異を与えたからです。偶然だったと思いますが、レトロトランスポゾンが動き回ることで、進化が生まれたのです。ほ乳類の脳に関わるところでも、ＬＴＲ型のレトロトランスポゾンが関与していたという研究成果もあります（Ref.33）。

レトロトランスポゾンは、単にコピー＆ペーストするだけでなく、ペーストされた先のタンパク質の遺伝子に変異を与えると考えられます。ゲノムは、外的な要因による突然変異だけでなく、自ら重複したり飛んだり増えたりして新たな変異を入れていくのです。ゲノム上での移動が生き物の進化を促し、種を多様にしていったのかもしれません。

外に飛び出したレトロトランスポゾン、それがレトロウイルス

レトロトランスポゾンの一種であるＬＩＮＥは、ＲＮＡをＤＮＡに変換するための逆転写酵素と変換したＤＮＡを染色体ＤＮＡに組み込むための酵素（インテグラーゼ）をもっています。レトロウイルスも同じ機能をもつ酵素をもっています。

ＬＩＮＥは、ＤＮＡをコピー＆ペーストするときに、ＤＮＡをＲＮＡに一度転写します。それからＬＩＮＥ自身がもっている逆転写酵素を使ってＤＮＡに変換し、染色体ＤＮＡに入り込みます。

レトロウイルスの特徴については『京大　おどろきのウイルス学講義』でいろいろと書いたので詳しい説明はそちらに譲り、本書では要点だけをお伝えしたいと思います。

まず、レトロウイルスはこれまで述べてきたようにＲＮＡウイルスの一種です。後天性免疫不全症候群（いわゆるエイズ）の原因となるヒト免疫不全ウイルス1型（ＨＩＶ－1）もレトロウイルスです。構造としては、カプシドタンパク質からなるコアという殻の中に1本鎖のＲＮＡを1組（同じものを2本）遺伝情報としてもっています。コアの外側に脂質二重膜からなるエンベロープがあり、そのエンベロープの上にエンベロープタンパク質が乗ってい

ます。このエンベロープは細胞膜由来のもので、宿主細胞の膜と融合して、中に入ることができます。

このウイルスの最大の特徴は、逆転写酵素を使って宿主のＤＮＡに入り込むことです。そして、細胞の仕組みを利用してウイルスの増殖を図っていくのです。

このレトロウイルスがいつどのように生まれ、どのように進化（ウイルスも進化します）して、どのように多様化していったのか、まだはっきりしたことはわかっていません。逆転写酵素の進化系統樹からみるとＬＩＮＥが直接の祖先ではないようなのですが、逆転写活性をもつ転移因子の延長線上にあるのは間違いないと思います。

ゲノム内で飛び交っていたレトロトランスポゾンが進化して、もっと効率よく染色体ＤＮＡに組み込めるように進化し、ＬＴＲ型のレトロトランスポゾンになったと考えられます。さらにエンベロープタンパク質を作る遺伝子を獲得して細胞外に出るようになったのがレトロウイルスであると私は考えています。そのときに第４章で述べたエクソソームの生成メカニズムを借りてきたのではないでしょうか。そのようにレトロウイルスを捉えるとすると、レトロウイルスの本来の役割は、ゲノムコンテンツを増やしたり複雑化したり、あるいは細胞間で情報伝達することではないかと考えています。

生物は、ゲノムコンテンツを豊かにするために、遺伝子重複のほか、トランスポゾンやレトロトランスポゾンでDNAをゲノム上で飛ばしてダイナミックに改変を加えていきました。その仕組みの一部が細胞の外にも飛び出るようになったのがレトロウイルスであって、他の個体や種の間でも遺伝因子のやりとりができるようになった。そして、互いにゲノムのコンテンツをリッチにしたり、複雑化するようになったと考えられます。

レトロウイルスによって、それまで個体のゲノムの中でしか起こらなかった転移が、個体の枠を越えて転移を起こせるようになったのではないか。このように遺伝因子が空間的に行き交えるようになれば、進化の速度や多様性も一気に増すでしょう。

LTR型レトロトランスポゾンが胎盤の基礎を作った

ほ乳類の胎盤は、卵の殻のすぐ下にある漿尿膜《しようにようまく》などが進化したものです。「胎盤」と一口にいっても、種によって見かけもまったく違うし、組織学上も全然違います。同じほ乳類なのに、胎盤は多様性に富んでいます。

これも、改めて考えると不思議なことです。ヒトとマウスの胎盤は似ているのですが、ブタやウマとはまったく違いますし、ネコとも違います。どうしてこのような多様性が生まれていったのでしょうか。この詳しい説明は『京大　おどろきのウイルス学講義』に譲りますが、最近の研究によってわかったのは、胎盤の多様性を生むためにレトロウイルス由来の遺伝子が使われているというものです。

　レトロトランスポゾンによる進化の例として、ＰＥＧ10による胎盤の進化があります(Ref.34)。ＰＥＧ10はＬＴＲ型レトロトランスポゾンです。正確な年代はわからないのですが、６０００万年前～1億年前に入って、胎盤の基礎を作ったと考えられています。ＰＥＧ10は、ほ乳類すべてに共通して入っています。一方、ＰＥＧ11というレトロトランスポゾンもあるのですが、こちらはしっかりとした胎盤をもっている真獣類だけに備わっています(Ref.33)。

　ＰＥＧ10はすべてのほ乳類がもっているので重要だといえます。実際にどんな作用を行なっているのかわからないのですが、血管新生などに関わっているようです(Ref.35)。ＰＥＧ10を壊すと胎盤ができなくなるので、不可欠の物質であることは確かです(Ref.34)。

　ＰＥＧ10は、酵母の転移因子に似ています。酵母からほ乳類に遺伝子が移ったことは考えにくいのですが、それでも酵母がもっている転移因子に近いものがほ乳類のゲノムにすぽんと入り込んで胎盤の基礎を作った可能性は否定できないのです。

古代レトロウイルスの構成分子が胎盤の多様性を生んだ

酵母の転移因子に近いLTR型レトロトランスポゾンが胎盤の基礎を作ったのですが、胎盤の多様性を生んだのもLTR型レトロトランスポゾン（内在性レトロウイルス）と考えられています。

内在性レトロウイルスはレトロウイルス由来のさまざまな機能性タンパク質をコードしている遺伝子をもっているのですが、その多くは長い進化の過程で機能を失っています。タンパク質をまったく作らないか、短いタンパク質しか作らず本来の機能を失っているのです。しかし、一部は宿主の中で新たな機能を獲得しています。その顕著な例が、内在性レトロウイルスのエンベロープ（Ｅｎｖ）遺伝子に由来するシンシチン（Syncytin）です。

シンシチンは胎盤に特異的に発現するタンパク質です。胎盤は母親の組織である脱落膜《だつらくまく》と胎児の組織である絨毛膜《じゅうもうまく》からなり、血液を介して相互に物質交換を行うほか、妊娠期間中の胎児の支持や絨毛性性腺刺激ホルモンや胎盤性ラクトゲンなどの妊娠関連ホルモンの分泌を担っています。

胎児由来の絨毛膜は、細胞性栄養膜細胞と、細胞性栄養膜細胞が融合してできる合胞体性栄養膜細胞の2種類の栄養膜細胞からなるのですが、合胞体性栄養膜細胞の形成に必要な細胞融合をシンシチンが担っています。ヒトではシンシチン1とシンシチン2の2つのシンシチンが報告されています（Ref.36）。

シンシチンは他の動物でも見つかっています。マウスではシンシチンAとシンシチンBが関与していることがわかっているのですが、シンシチン1、シンシチン2、シンシチンA、シンシチンBは別々のレトロウイルスに由来します（Ref.36）。

さらに私たちはウシの胎盤で機能する内在性レトロウイルス由来のタンパク質を見つけて、フェマトリン1と命名しました。なぜシンシチンと命名しなかったかというと、他の動物のシンシチンのもとになる内在性レトロウイルスと遺伝的に大きく離れていたからです。フェマトリン1の元になった内在性レトロウイルスは、ウシ内在性レトロウイルスK1（BERV-K1）です（Ref.37）。

ウシ科の動物はウシ亜科とヤギ亜科に分かれます。BERV-K1はウシ亜科の先祖動物が感染して獲得した内在性レトロウイルスです。興味深いことに、ウシ亜科とヤギ亜科では胎盤の構造が違うのです。ウシ亜科の動物では胎仔の栄養膜細胞と母親由来の子宮内膜細胞が融合して3つの核をもつ細胞（3核）が作られます（図14）。一方、ヤギ亜科の動物は胎仔

図14　ウシ科動物の系統樹とBERV-K1の獲得時期

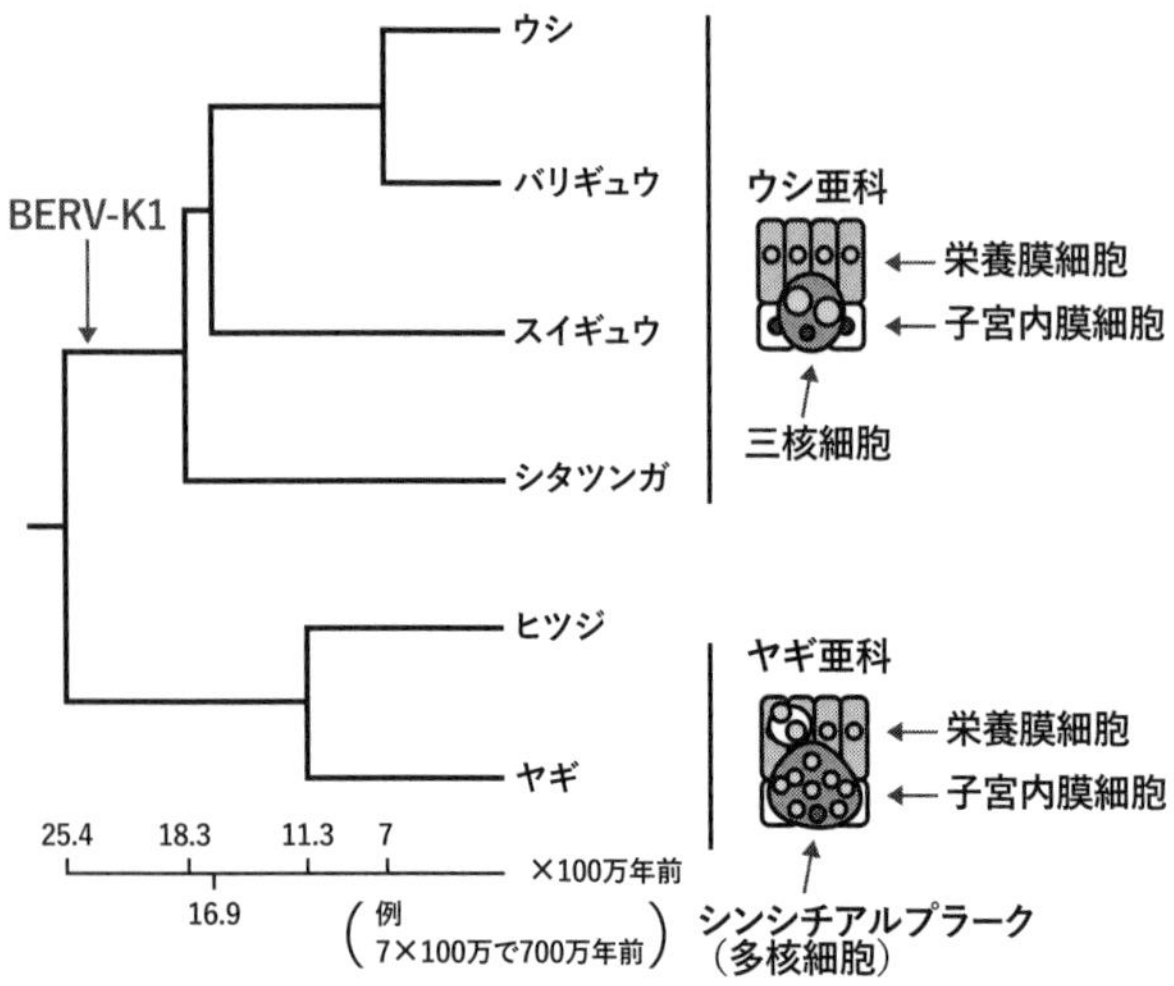

の栄養膜細胞が多数融合した多核細胞ができるのです。ウシ亜科の動物では、BERV－K1を獲得したことで、ヤギ亜科とは異なる胎盤を獲得した可能性が考えられます。

種はどのようにして分かれていくのか

今、この地球には数多くの種の生き物がいます。「どうしてこんなに多くの種類の生き物がいるのだろう？」と思われたことはないでしょうか。改めて考えると不思議です。陸上だけでなく、空にも、土の中にも、水の中にも、体の中にも、いろいろな生き物がいるのです。

これほど多くの種がいるのは、なぜなのでしょうか。生物学的に大ざっぱにいえば、進化の中で種が分かれていったからです。少し専門的にいうと「種分化」（Speciation）のメカニズムがはたらいたからです。では、この種分化が具体的にどうやって起きるのか。これは生物学の大きなテーマの一つです。

環境面から考えれば、環境変化が要因としてあげられるでしょう。では、遺伝的な面から考えるとどうなるのか。繰り返しの話になりますが、ゲノムに変異が入ることが種分化には必要です。それでは、どのように変異が入ったとき種分化が生じるのでしょうか。

種分化のポイントは、異なる種同士が交わっても生殖できなくなることです。まれに種が異なっても子どもができる場合はありますが、その子どもが子どもを産むことはできません。

ウシ科動物でもみられるように、ほ乳類の場合、レトロウイルスが内在化することで胎盤の構造が変わったと考えられます。胎盤の構造が変わってしまうと、交配しても生殖できなくなります。この変化は種分化を意味します。ほ乳類の場合、レトロウイルスがゲノムに内在化されて胎盤が変わったことで、種分化が起きた可能性も考えられます。

ヒトの場合はどうでしょうか。ほ乳類が４０００万年程前に感染したレトロウイルスを宿主ゲノムに取り込むことで、独自の胎盤を作ったようです。他のほ乳類の動物も、それぞれが別々のレトロウイルスを使って独自の胎盤を作ったと考えられます。

レトロウイルスが宿主の生殖細胞のゲノムに入り込んで新たな形質をもたらすという現象は、かなりまれなケースです。レトロウイルスがゲノムに入って胎盤の構造を変えるということは、奇跡に近いような確率の出来事で、たまたま起きた現象のはずです。それなのに、すべてのほ乳類が、それぞれ別のレトロウイルスによって胎盤を進化させています。まさに「どういうこと？」です。偶然が重なったのか、そうでないのか、いずれでもないとすれば何なのか。

バトンパス仮説

ほ乳類が胎盤の構造を形作るのに、ほ乳類の系統ごとに別々の内在性レトロウイルスが使われているのは実に不思議なことです。この問題は、シンシチンの研究者を悩ませています。私たちは、この現象を「バトンパス仮説」で説明しています（Ref.36）。

もっとも古いほ乳類はアデロバシレウスという動物だといわれています。しかし、アデロバシレウスは胎盤をもっておらず、卵生だったと考えられています。しかし、その後のほ乳類の生殖細胞のゲノムにレトロトランスポゾンが入り、その結果、偶然に新しい胎盤を得ることができました。

その後祖先動物は、新たなレトロウイルス（仮にレトロウイルスAとする）をゲノムに組込むことによって、胎盤の改良に成功しました。さらに胎盤の改良に成功した系統の動物は新しいレトロウイルスBを獲得します。その新しいレトロウイルスB由来の遺伝子も胎盤の形成に寄与したとします。このときのゲノムの状態を想像してみてください。個体によってはゲノムの中で一時的に新旧２つの胎盤遺伝子が併存していたはずです。レトロウイルスによって胎盤の構造が変わるとき、最初は古い構造と新しい構造が共存するような形になっていて、どちらも発現できるようになっていたのではないでしょうか。

つまり、胎盤が進化するとき、一時的に複数の内在性レトロウイルス由来の遺伝子をもつのではないかという仮説です。その複数の遺伝子の中で、生物はどれを選ぶのか。おそらく、変化した環境をよりうまく乗り越えられる遺伝子が選択されたと考えられます。

そしてまた、レトロウイルスによって新しい遺伝子が作られ、それが環境の変化をよりうまく乗り越えられるなら、それにバトンを渡していく。こうしてバトンを渡すようにして、さまざまな内在性レトロウイルスがさまざまな宿主で独立して使われてきたのではないかと考えています（Ref.36）。

私たちが考えたバトンパス仮説は、レトロウイルスによってもたらされる変異が良いものであっても悪いものであっても、同時に同種の遺伝子を複数もつことができれば、都合の良い遺伝子に乗り換えていけるというメカニズムです。わかりやすくいうと、環境が大きく変わっても、質の異なる同種の遺伝子を2つ以上もつことができれば、それぞれを試して、より良い遺伝子を選んでいけるのです。そうすれば、新しい環境に適応できる可能性が高まります。その結果、種の分化も進んでいったのかもしれません。

この仮説を証明できれば、ほ乳類の胎盤の多様性や、種の多様性が生まれた仕組みを説明できるかもしれません。

霊長類の胎盤においてもバトンパスは起こっている？

合胞体性栄養膜細胞をもつ胎盤形態はヒト以外の類人猿系統、アジア、アフリカに棲んでいる旧世界ザル系統、アメリカ大陸に棲んでいる新世界ザル系統でも同様に認められているのですが、興味深いことに、旧世界ザルや新世界ザルでは、シンシチン1遺伝子が壊れてしまっています（図15）。その代わりにシンシチン2が使われていると考えられているのです

図15　シンシチン遺伝子の獲得時期と胎盤の構造

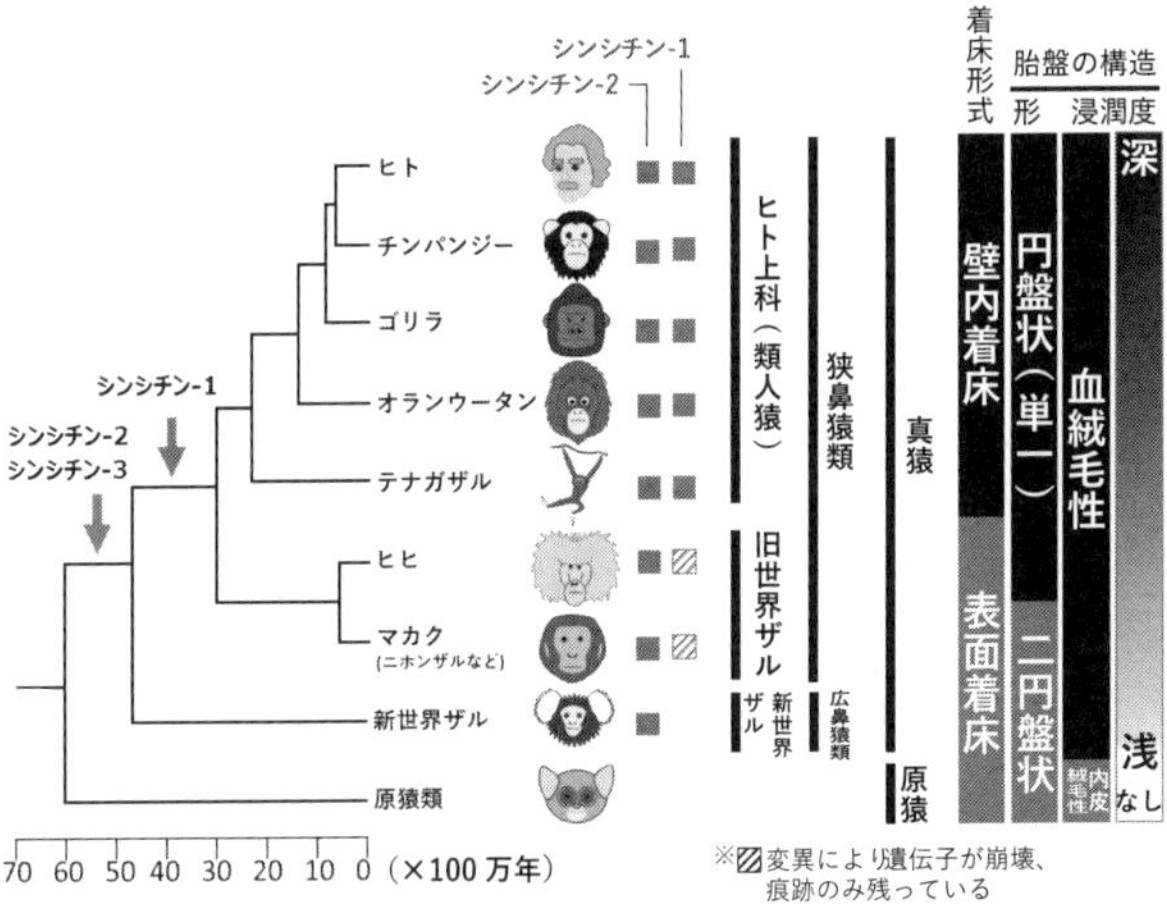

出典：今川和彦、中川草、草間和哉 (2016). 胎盤と内在性レトロウイルス ウイルス 66(1): 1-10.
Esnault C, Cornelis G, Heidmann O, Heidmann T. (2013). Differential evolutionary fate of an ancestral primate endogenous retrovirus envelope gene, the EnvV syncytin, captured for a function in placentation. *PLoS Genet.* 9(3): e1003400.
上記掲載の図を翻訳・改変し、組み合わせて掲載

が、フサオマキザルのシンシチン2を調べるとヒト細胞での細胞融合能が弱くなっていました（Ref.38）。さらにゲノム解析を行うと、新世界ザルのうち3種（*Saguinus imperator*、*Ateles hybridus* と *Pithecia pithecia*）がシンシチン2を欠損していることがわかりました（Ref.38）。

つまり一部の新世界ザルにおいてシンシチン2が胎盤形成に寄与していないことがわかったのです。

これらの動物ではシンシチン1とシンシチン2の両方をもっ

ていないことになるのですが、実は、新世界ザルでは別のシンシチン（シンシチンＥｎｖＶ２〔別名：シンシチン３〕）も知られていて、合胞体性栄養膜細胞を形成するのに役に立っていると考えられます（Ref.39)。とすると新世界ザルではシンシチン２からシンシチンＥｎｖＶ２にバトンパスがなされた可能性があります。

以上のことから、私はバトンパス仮説には妥当性があると考えています。生物は複数の内在性レトロウイルスをバトンパスしながら、胎盤を進化させてきたのではないでしょうか。

第6章

遺伝子の平行移動（ラテラル・ジーン・トランスファー）

大腸菌にも雌雄がある

大腸菌にも雌や雄があることをご存じでしょうか。大腸菌は細菌で二分裂して増えていきますから、雌も雄もないはずです。しかし、それに似たようなものは知られています。大腸菌には性因子となるFという因子があります。F因子プラスミドをもつ株が雄、もたない株が雌です。このFという因子をもつと、大腸菌から管《くだ》のようなものが出て、F因子をもっていない大腸菌とつながります。この管を性線毛《せいせんもう》（sex pili）と呼び、大腸菌が管でつながる現象を接合と呼んでいます（図16）。

接合すると、接合した大腸菌にF因子プラスミドが複製しながら移っていくことになります。そうすることでF因子プラスミドをもっていない大腸菌はF因子プラスミドをもち、他の大腸菌と接合できるようになります。

F因子をもつプラスミドは環状で、普通は細胞質中に存在するのですが、ときに大腸菌の染色体に組み込まれることがあります。そのようになった大腸菌をHｆｒ（High frequency of recombination）株と呼びます。Hｆｒ株も性線毛をつくって雌の大腸菌につながるのですが、そのときには、プラスミドが移動するのではなく、大腸菌の染色体が一部分複製しなが

図16　大腸菌の接合とF因子の移動ならびに染色体の転移

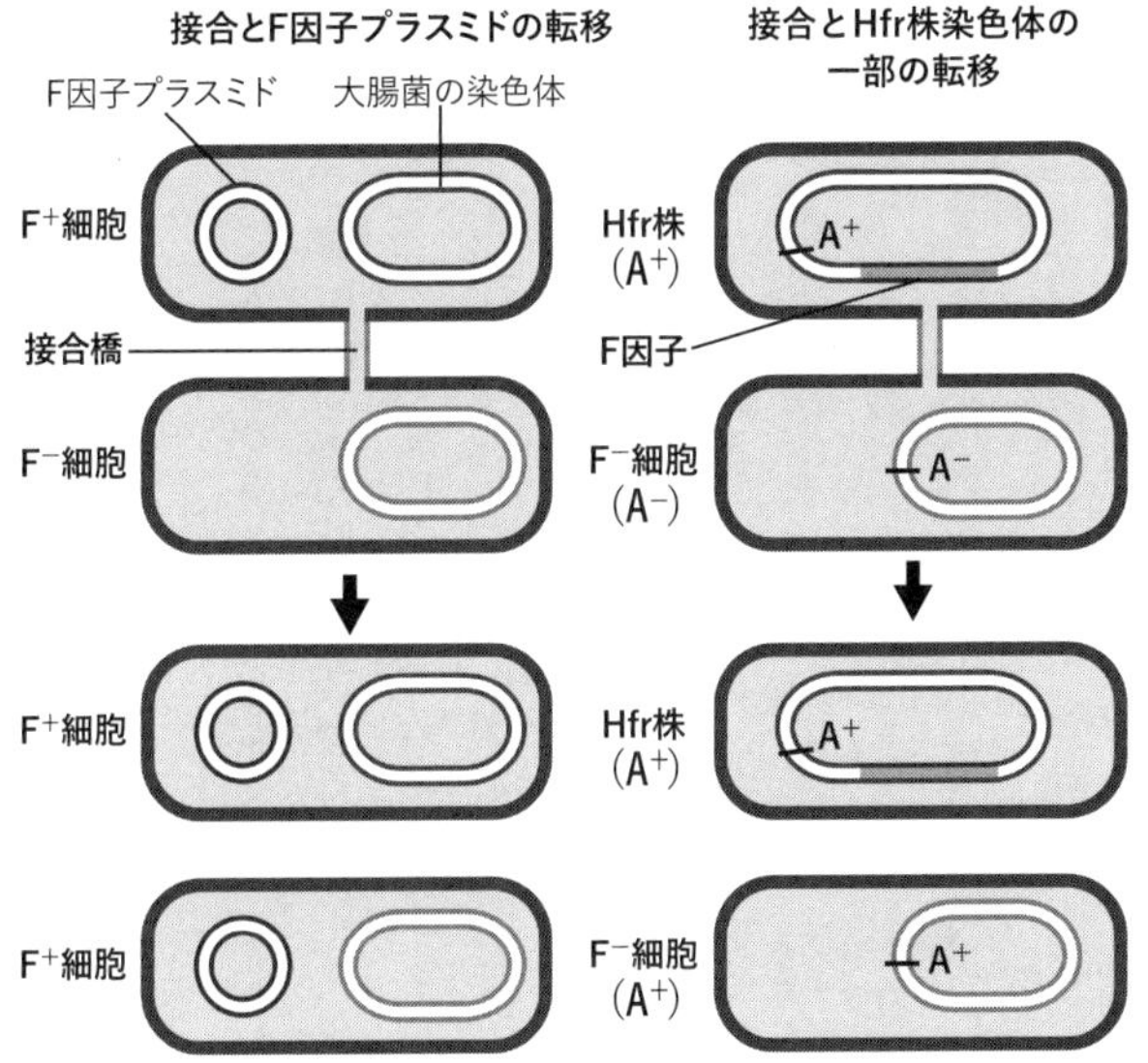

ら移動します。性線毛で雌雄の大腸菌はずっとつながっているわけではなく、多くは染色体の移動中にそのつながりが途切れます。そのような場合、移った先の大腸菌では、雄の大腸菌のゲノムの一部が雌の大腸菌に入り、雌がもともともっているゲノムと組換わります。

　つまり、Ｈｆｒ株からＦ因子をもっていない大腸菌（Ｆ因子プラスミドをもっていない大腸菌やＨｆｒ株ではない大腸菌）に、染色体の一部が移動するのですが、その場合、雄の大腸菌の染色体のＦ因子の近傍の配列が、雌の染色体に移動することになるのです（図16）。結果的に、雌の大腸菌は極めて効率よくＨｆｒ株のゲノムの一部を自分のゲノムと交換するのです。この現象は大腸菌の遺伝子の地図を作るのに大いに役に立ちました。

ところで、Ｆ因子のプラスミドをもてば雄になるのなら、次々と雄の大腸菌からＦ因子がコピーされて雌の大腸菌に移っていって全部の大腸菌が雄になってしまうと考えるかもしれません。しかし、大腸菌内のＦ因子プラスミドの数は少ないので、分裂しているうちになくなって、雄から雌になってしまうものもいるので、全部が雄になることはないようです。

私はこの現象を甲陽学院高等学校の2年生のときに、大阪大学微生物病研究所の中田篤男先生（当時助手、現大阪大学名誉教授）に教えていただきました。当時私の高校では2年生の2学期の生物学の授業が丸々自由研究にあてられており、生物学の中村泰三先生が自由研究の指導者として中田先生を紹介してくださったのです。中田先生は、石野良純先生（現九州大学大学院農学研究院教授）と共に、２０２０年にノーベル賞を取ったゲノム編集技術ＣＲＩＳＰＲ／Ｃａｓ９に応用された大腸菌のＤＮＡ配列ＣＲＩＳＰＲを１９８７年に発見された方です（Ref.40）。

私は必要な菌を分与していただき、高校で実験をしました。この実験は大腸菌の遺伝学の初歩的なものですが、高校生の私にはとても新鮮で心に残る経験でした。このときに私は、大腸菌はファージやプラスミドで遺伝子がやりとりされていること、さらには接合という現象もあること、そして、大腸菌のゲノムも他の大腸菌に移動することを学びました。

レトロウイルスによる遺伝子移動があることに気づいたきっかけ

私は１９８７年にヒトＴ細胞白血病ウイルス（ＨＴＬＶ）の研究を東京大学医科学研究所の速水正憲《まさのり》先生（当時助教授、現京都大学名誉教授）のもとで始めました。その後、エイズの原因ウイルスである免疫不全ウイルスの研究に移りました。そして、その頃に読んだ雑誌『蛋白質　核酸　酵素』に書かれていた岡山大学の加藤宣之先生の総説に大きな衝撃を受けたのです（Ref.41）。

その総説には、このようなことが書かれていたのです。「ヒトのゲノム中には内在性レトロウイルスが１％は存在する。そして、内在性レトロウイルス由来の粒子は胎盤で大量に産生されている」。その頃はＨＴＬＶやヒト免疫不全ウイルス（ＨＩＶ）の研究が盛んでしたから、レトロウイルスは病気を起こす悪いウイルスというイメージが強かったのですが、私は加藤先生の総説を読んで、レトロウイルスと、大腸菌のプラスミドやファージがよく似た存在であることに気がつきました。

大腸菌に感染するファージの一種（ラムダファージ）は、時に大腸菌の染色体に入り込みます。ファージが大腸菌に感染するとファージが大量に増えて、大腸菌は壊れ（溶菌といいます）、大量のファージが飛び出してくる。ところが、ファージのゲノムが大腸菌に組み込まれる場合があり、その場合は、大腸菌は溶菌せず、普通に分裂していきます。まるで白血病ウイルスが感染したときの細胞のようです。

ところが感染した大腸菌に紫外線を当てると、大腸菌のゲノムに入ったファージのＤＮＡが切り出されて、急にファージが大量に作られて大腸菌は溶菌します。合目的に考えれば、これは、大腸菌が紫外線に当たり、大腸菌が危険な状態になると、それを察知して染色体に隠れていたファージが大量に増えて逃げるというストーリーになります。実はこれと同じようなことは内在性レトロウイルスでも起きていて、細胞に紫外線を当てると、内在性レトロウイルスが活性化して、ウイルス粒子となって飛び出すことが知られていました。

私は加藤先生の総説を読み、ヒトを含むほ乳類でも、大腸菌と同じように、ウイルスによって遺伝子の平行移動があるのではないかと直感的にひらめきました。高校時代に細菌学のバックグラウンドがあったからこそ、レトロウイルスの研究を始めたときに、レトロウイルスの挙動がファージやプラスミドと類似していることに気がついたというわけです。大腸菌を含む細菌は、ファージやプラスミドを使って頻繁にゲノムを移動させている。ほ乳類である私たちもウイルスによって、ゲノムを移動させているのではないかという仮説です。これは私が学部５年生のとき（１９８９年）に思いついたものです。

がん遺伝子は動物のレトロウイルス研究から発見された

レトロウイルスは増殖するときに、宿主のゲノムの遺伝子を取り込むことがあります。宿主由来のｍＲＮＡが偶然にレトロウイルス粒子に取り込まれて、次の細胞に感染したときに、逆転写する過程でレトロウイルスの遺伝子と組換わってしまうことがあるのです。そうすると、宿主のゲノムが感染した他の細胞に移ることになります。

この現象は、１９７０年代に白血病ウイルスで見られていたことです。この現象を解析することによって、がんが遺伝子の病気であることがわかり、がん遺伝子という考えが確立されたのです。少し長くなりますが、これについて説明したいと思います。

レトロウイルスはオルソレトロウイルス亜科とスプーマレトロウイルス亜科に分けられますが、オルソレトロウイルス亜科は、アルファレトロウイルス属、ベータレトロウイルス属、ガンマレトロウイルス属、イプシロンレトロウイルス属、デルタレトロウイルス属、レンチウイルス属に分けられます（図17）。ほ乳類の内在性レトロウイルスは、アルファレトロウイルス属とベータレトロウイルス属に近いものをクラス2の内在性レトロウイルスと呼んでいます。また、ガンマレトロウイルス属とイプシロンレトロウイルス属に近い物はクラス1の内在性レトロウイルスと呼ばれています。そして、ヒトの内在性レトロウイルスの中ではクラス1の内在性レトロウイルスが一番多くを占めています。ガンマレトロウイルスの仲間がほ乳類（特にヒト）ではもっとも多く内在化したことになります。

ガンマレトロウイルス属では、マウス白血病ウイルスやネコ白血病ウイルスなど、白血病を起こすウイルスが知られています。これらのウイルスの仲間には比較的短期間に肉腫《にくしゅ》を引き起こすウイルスがあります。それらはマウス肉腫ウイルスや、ネコ肉腫ウイルスと呼ばれています。

マウス肉腫ウイルスやネコ肉腫ウイルスにはたくさんの種類があって、いろいろながん（主に肉腫）を誘導します。これらのウイルスは１９６０年代から70年代に数多く発見されました。その当時は、まだがんがどうやってできるかわからなかったので、多くの研究者がマウスやネコ、そしてニワトリの肉腫ウイルスの研究を行っていました。そこで驚くべき事

図17　レトロウイルスと内在性レトロウイルスの系統樹

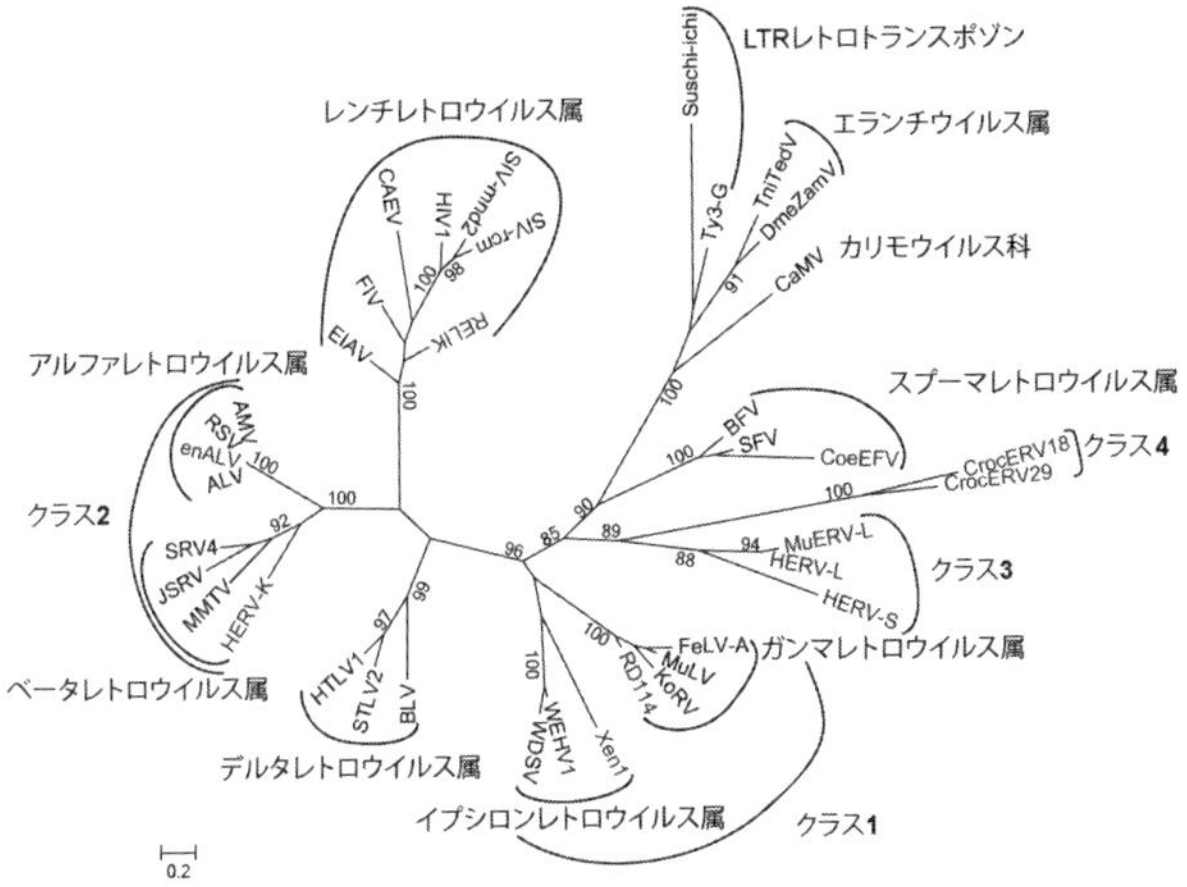

出典：宮沢孝幸、中川草（2015）. レトロウイルスの起源と進化 実験医学増刊　感染症いま何が起きているのか　基礎研究、臨床から国際支援まで　33(17): 117-126.（一部改変のうえ転載）

実がわかりました。

マウス肉腫ウイルスやネコ肉腫ウイルスは単独では増殖できず、マウス白血病ウイルスやネコ白血病ウイルスがいないと増えることができないのでした。肉腫ウイルスは単独では増殖できず、自己増殖性のある白血病ウイルスの助けを借りて増えるのです。遺伝子構造を調べると、マウス肉腫ウイルスやネコ肉腫ウイルスはマウス白血病ウイルスやネコ白血病ウイルスと近縁なのですが、これらの遺伝子の一部に他の遺伝子が入っていたのです（Ref.42）（図18）。

入れ替わった遺伝子ががんを起こ

図18　白血病ウイルスと肉腫ウイルスの遺伝子構造

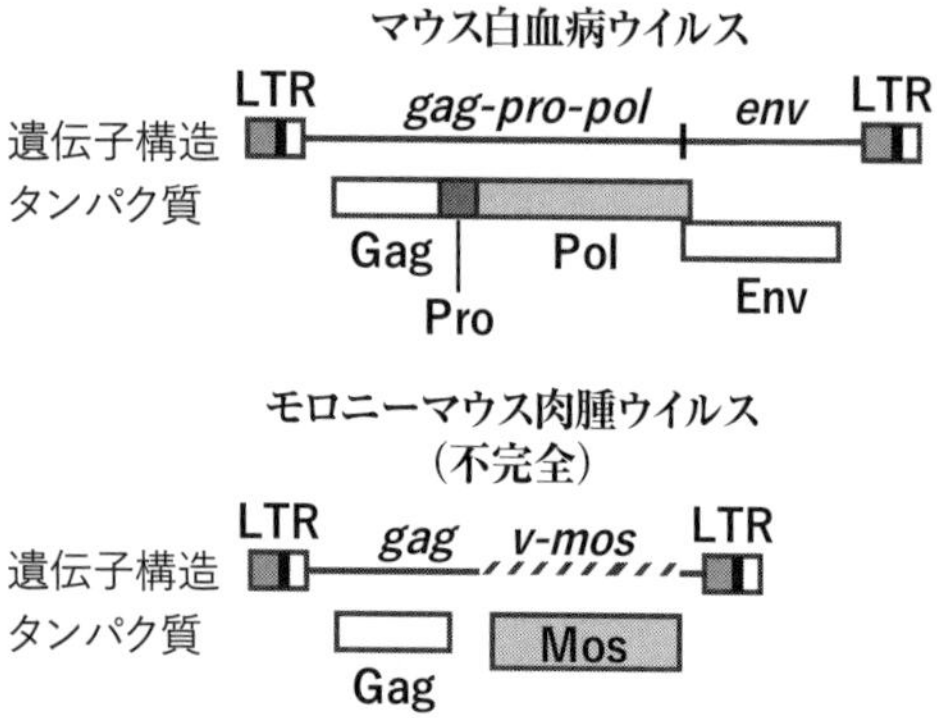

出所：https://www.sciencedirect.com/topics/agricultural-and-biological-sciences/moloney-murine-sarcoma-virus（翻訳、一部改変のうえ転載）

マウス白血病ウイルスとモロニーマウス肉腫ウイルスの構造は近似しているが、肉腫ウイルスは Pro-Pol 遺伝子と Env 遺伝子が欠損しており、自力で増殖することができない。そこで LTR と Gag 遺伝子の境界の RNA 配列（パッケージングシグナルと呼ぶ）を利用して、マウス白血病ウイルス粒子内に入り込んで増殖する。なお、Env 遺伝子のかわりに、細胞由来で組み変わった遺伝子、v-mos 遺伝子を備えている。この v-mos 遺伝子産物ががんを引き起こす

すこともわかり、肉腫ウイルスはこの遺伝子で肉腫を引き起こしていたのです。ところが、さらに驚くべきことがわかりました。がんを起こす遺伝子は、もともとの宿主の遺伝子が取り込まれて、変異したものだったのです。さらに研究を進めることにより、宿主の細胞の増殖因子が肉腫ウイルスのがんを起こす遺伝子のもとであることがわかりました。このようにして、がんを起こすウイルスが宿主の細胞の増殖因子を他の個体の細胞に運ぶことによってがんを起こ

していることがわかり（Ref.43）、ここでついにがんが遺伝子の病気であることがわかり、「がん遺伝子」の概念が確立されました。さらには、非ウイルス性のがんも、細胞の増殖因子が変異することによって起こることがわかりました。その後さまざまな細胞増殖因子ががんに関わっていることがわかりました。

肉腫ウイルスを研究することによって、がんを引き起こす遺伝子が次々と明らかになっていき、まるでゴールドラッシュのような状態になりました。最終的には、およそ数十のがん遺伝子が発見されたのです。このように動物のレトロウイルスは、がんの研究に大きく貢献したのです。

レトロウイルスは宿主の遺伝子も運び得る

ここで重要なのは、レトロウイルスが宿主の遺伝子を取り込んで、他の個体に他の宿主の遺伝子を運ぶという事実です。肉腫ウイルスの場合、細胞増殖因子の遺伝子をウイルスが取り込んだ後に、ウイルスの中でその遺伝子に変異が入って、細胞増殖のシグナルを強力に伝えるようになり、感染によって細胞を容易にがん化するようになったのです。

がんを引き起こすということで、肉腫ウイルスの存在が明らかになったのですが、レトロウイルスは細胞増殖因子を選んで取り込んでいるわけではないのです。たまたま細胞増殖因子を取り込んだレトロウイルスが肉腫ウイルスとなって、その現象に気がついたということです。

1987年には、T細胞受容体を取り込んだレトロウイルスも発見されています（Ref.44)。ほ乳類のT細胞受容体自体はがんを起こしませんが、この場合例外的に、T細胞受容体遺伝子が変異して、細胞に増殖シグナルを入れたため、がんを起こすウイルスとして発見されたのです。

もし、白血病ウイルスががん遺伝子以外を運んでいたとしても、がんを起こさなければ、発見はされないでしょう。また、がん遺伝子以外の遺伝子を運ぶレトロウイルスもあったはずです。それを発見することはできないのでしょうか。

加藤先生の総説（1988年）は、まだヒトのゲノムの中に内在性レトロウイルスが1％ほど含まれているという話でした。1％も内在性レトロウイルスがあるのであれば、その中には他の動物由来の遺伝子の平行移動の痕跡もあるのかもしれないということを思いつきました。

いつかこの仮説を実証したいという思いでしたが、それはなかなかできないことも知っていました。当時の技術では動物のゲノムの遺伝子配列を解読する作業は大変で、とても私が生きている間には見つからないと思っていたのです。

ところが１９９０年にゲノムプロジェクトがヒトやマウスで始まりました。当時の私は、なんと無謀なことをするのだろう、ヒトのゲノムを読むのには、ゆうに50年はかかるだろうと思っていました。しかし、ヒトゲノムプロジェクトが始まると、遺伝子解析技術が飛躍的に向上し、驚いたことに約10年でヒトゲノムとマウスゲノムを大まかに読みきられたのです（Ref.45、Ref.46）。それ以降も、遺伝子解析技術の進歩はめざましく、今ではほ乳類に限っても５３６種（２０２３年２月17日現在）のゲノム配列がわかっています（Ref.47）。今後これらのゲノム配列を比較することによって、レトロウイルスが動物種間で遺伝子を運び得ることが実証できると私は確信しています。

内在化しつつあるコアラのレトロウイルス

ただ、ここで大きな問題があります。他種動物からの遺伝子のレトロウイルスによる平行移動があるとしたら、そのレトロウイルスが生殖細胞に入らなければなりません。多くのほ乳類がレトロウイルスの配列を内在性レトロウイルスとして取り込んでいることは明白なのですが、現存のウイルスではその現象（内在化の過程）が見つかっていなかったのです。

ところがです。第7章で詳しく説明しますが、コアラでは現在もレトロウイルスが生殖細胞に感染して、レトロウイルスが内在化していることがわかったのです。もしかしたら現代のコアラで、レトロウイルスによる遺伝子の平行移動を見つけることができるかもしれず、私はとても期待しています。

コアラのゲノム解析をしたら、種がまったく異なる他の動物の遺伝子が入っていたというようなことが、あるかもしれません。コアラのゲノムの配列を細かく調べる作業はとても骨が折れますが、現在のコンピューター解析技術を駆使すれば、いずれ発見できるのではないかと期待しています。

ウイルスを含むいろいろな生き物のゲノムを調べると、ときどき不自然な塩基配列が見つかることがあります。たいていは、種の系統樹と遺伝子の系統樹はおよそ一致します。しかし、「どうしてここに？」と意表を突くような位置にあることがあります。「もしかしたら別の生き物から飛んできたものなのか？」と考えずにはいられません。高等な脊椎動物であっても、遺伝子は、私たちが思っている以上に平行移動しているのだと思います。

レトロウイルス以外のウイルスも遺伝子を平行移動させる？

ポックスウイルス（天然痘ウイルスが属するウイルスのグループ）について興味深い研究をした人がいます。東京工業大学にいらっしゃった岡田典弘教授（現北里大学特任教授）とその研究室のOliver Piskurek博士（現ゲッチンゲン大学）です。

岡田先生らの２００７年の研究で、『米国科学アカデミー紀要』に掲載された論文によれば、アフリカのアレチネズミ（キタサバンナアレチネズミ〔*Gerbilliscus kempi*〕）のポックスウイルスのゲノムを調べたら、アフリカの毒ヘビ（クサリヘビ）の一種（西アフリカカーペットバイパー〔*Echis ocellatus*〕）のゲノム配列と同じ塩基配列があったそうです（Ref.48）。同じ塩基配列があったのは、ゲノムの中のレトロトランスポゾンでした。

アレチネズミのポックスウイルスとクサリヘビのゲノムに同じレトロトランスポゾン由来の配列があったとは、いったいどういうことなのか。岡田先生らは、天然痘のウイルスに近いポックスウイルスがクサリヘビに感染し、そのウイルスが体外に出るときにクサリヘビのＳＩＮＥを取り込んで、それがスアレチネズミに感染したと考察しています。

この論文には、ポックスウイルスは爬虫類からほ乳類にレトロトランスポゾンを平行移動

（水平移動とも呼ばれます）させる運び屋になり得ると書かれていました。つまり、岡田先生らは、ＤＮＡがウイルスを介してまったく違う生き物に平行移動する可能性を示唆するものを見つけたわけです。

この論文を読んだとき、これは面白いと思いました。すでに、レトロウイルスがそのようなことをしているのはわかっていたのですが、ポックスウイルスというＤＮＡウイルスも同じようなことをやっている可能性があるとは思っていなかったからです。

このポックスウイルスは、ウイルスの中では圧倒的な大きさ（体積）を誇ります。ほ乳類に感染するウイルスの中では最大級の大きさです。ゲノムＤＮＡは13万～37・5万塩基ほど。エイズウイルスなどのレトロウイルスの塩基は９０００ほどなので、桁違いの大きさです。非常に複雑な構造をしていて、遺伝子の数が多いのも特徴です。

ＤＮＡウイルスは、感染した細胞の核に入ります。核の中にあるＤＮＡ合成酵素を利用する必要があるからです。しかし、このポックスウイルスは感染した細胞の核の中に入らずとも、その周りの細胞質のところで増えることができます。

このような大きなウイルスが種の壁を越えて遺伝子を移動させているのであれば、驚くべきことです。いろいろな生物のゲノムを調べたら、もっとたくさん見つかるかもしれません。もしそうなれば、生物の進化への影響を考える必要が出てくるでしょう。ポックスウイルスのようなゲノムサイズの大きいＤＮＡウイルスが進化に対し、何らかの役割を担っている可能性があるからです。

ヘルペスウイルスが巨大トランスポゾンになった例

カット＆ペースト型のトランスポゾンはたくさん知られていますが、そのほとんどは10kb（ｋはキロで「千」の意味。ｂは塩基の個数）以下と小型です。しかし、東京大学大学院理学系研究科の武田洋幸教授らのグループは、メダカにおいてさまざまな突然変異を引き起こす因子として知られていたトランスポゾン（Teratorn と命名）の全長配列を決定し、これが約１８０kbにものぼる非常に巨大なトランスポゾンであることを発見しました（Ref.49）。

この因子はトランスポゾンとヘルペスウイルスゲノムが一体化した構造をしていたのです。レトロウイルスとは異なり、ヘルペスウイルスは通常、感染した細胞のゲノムには入らないのですが、ヒトのヘルペスウイルス６型においては、内在化したものも知られています。したがって、ごくまれには染色体に入り込むことができるのでしょう。

しかし、この研究でとても興味深いのは、ヘルペスウイルスとトランスポゾンが一体化して、メダカで飛び回るということです。いつトランスポゾンとヘルペスウイルスが一体化したのかはわからないのですが、もしかすると、トランスポゾンが一体化したヘルペスウイルスが先にできていた可能性もあります。ポックスウイルスがレトロトランスポゾンであるSINEをもっていた例や、ヘルペスウイルスと合体したトランスポゾンが存在していることを見ると、転移因子の移動にヘルペスウイルスやポックスウイルスなどのDNAウイルスが寄与している可能性はあります。

欠損させた遺伝子が復活する昆虫ウイルス

バキュロウイルスというDNAウイルスも、遺伝子を運んでいる可能性があるのではないかと私は思っています。このウイルスは昆虫に感染するのですが、そのゲノムサイズも巨大で、宿主のDNAを取り込むことがあります。

このバキュロウイルスには面白い一面があります。実験でバキュロウイルスのゲノムの一部（必要な部分）を欠損させて（DNAを一部削除して）、細胞に導入するとウイルスはできません。欠損させた部分のタンパク質がないとウイルスはできないのです。しかし、欠損させた部分由来のタンパク質を構成的に（持続的に）発現する細胞を作ることができます。その細胞に必要な部分が欠損したバキュロウイルスのＤＮＡを入れると、ウイルス粒子ができてきます。ウイルスに必要なタンパク質が細胞側から補われるからです。しかし、その細胞から出てきたウイルスのゲノムには、必要な部分の遺伝子は欠損したままで、次の細胞に感染しても、完全なウイルスは出てこないはずです。

ところが、欠損のあるバキュロウイルスは細胞側から必要な遺伝子を取り込んで、完全なウイルスとして復活してしまったのです（Ref.50）。

この現象は、欠損ウイルスを遺伝子治療用のベクター（遺伝子を運ぶために利用されるウイルス）に利用しようとする際に、厄介な障壁となります。意図をもって一部の遺伝子を欠損させても、自動的に修復されてしまったのでは困ります。そのメカニズムはまだよくわかりませんが、バキュロウイルスは、どうやら宿主細胞のＤＮＡから欠損させた部分を取り込む性質があるようです。

このように宿主からＤＮＡを取り入れるのは、ウイルスの修復以外のときも可能なことかもしれません。もし、ウイルスが宿主のＤＮＡを〝拝借する〟ことができれば、体外に出た後他の種の生き物に感染したときに、宿主由来の可移動性ＤＮＡ配列が取り込まれる可能性が生じます。まだ、直接的な証拠は得られていませんが、もしかしたらその可能性があるのではないかと、私は考えています。

遺伝子は種を越えて平行移動している

生物の進化は親から子へと系統的に進んでいくと考えられています。遺伝子が子孫へと引き継がれていくことで、その種の形質が継続します。そして、突然変異や環境変化などによって、それまでの形質が捨てられ、別の形質が現れて次の世代に引き継がれるようになります。これがゲノムの変異による進化です。

進化の系統樹をご存じでしょうか。共通の祖先がいて、そこから種が次々に分かれ、樹木のように枝を広げるように多様化していったことを示す図です。ゲノムの変化（変異）は基本的に根から枝の先へ、下から上へと流れていきます。遺伝子は、決して横に移動することはないと長い間考えられてきました。

しかし、もし遺伝子が種を越えて、あるいは系統樹の縦の流れを越えて、平行に移動していたらどうなるでしょうか。系統樹の図の中に遺伝子の平行移動の線を加える必要があり、そうなると線が入り乱れて解読不能になるでしょう。

どれぐらいの遺伝子が平行移動しているのかはわかりません。どのような生き物に影響を与え、進化にどんな影響を与えているのか、全貌はつかめていないのが現状です。しかし、その痕跡は次々と見つかっているのです。

ゲノムにはレトロトランスポゾンと呼ばれる因子があり、その中にはレトロウイルスに由来するものもあります。ヒトのゲノムにも約１割あります。つまり、私たちの形質には、ウイルスによって外からもたらされたと考えられる遺伝子があるわけです。

かつて、そのようなことができるウイルスはレトロウイルスだけではないかと私は思っていましたが、もしかしたらさまざまなウイルスによってゲノムが改変されている可能性があります。

リンパ球性脈絡髄膜炎ウイルスや新型コロナウイルス、ボルナウイルスのようなＲＮＡウイルスも、ゲノムを変える可能性があります。これらのＲＮＡウイルスがヒトの細胞に感染すると、レトロトランスポゾンの一種であるＬＩＮＥを利用してＤＮＡに逆転写できることが確認されています。ヒトやさまざまなほ乳類のゲノムの中には、ボルナウイルスの一部の遺伝子が組み込まれていることも知られています（Ref.51）。新型コロナウイルスも細胞内でＤＮＡに変換されることがあることが証明されています（Ref.52）。コロナウイルス科に分類されるウイルスが、生殖細胞に感染して実際に宿主動物のゲノムに組み込まれるか（内在化するかどうか）はまだわかっていませんが、その可能性はないとはいえません。ただ今のところ、ゲノムデータベース上では、コロナウイルス科のゲノムが組み込まれた動物は見つかってはいないようです。

遺伝子が種の壁を越えて移動することを、生物学では「ラテラル・ジーン・トランスファー」と呼びます。私たち研究者はその一端をすでに知っていますが、遺伝子は私たち研究者が想像する以上に縦横無尽に動いているのかもしれません。

ウイルスがその移動の役割を部分的に担っているのであれば、環境が大きく変わったときに、生物はウイルスに感染することで新たな遺伝子を得て、進化し続けているのではないか。この研究を続けることで、私たちは新しい生物の姿が見えてくるのだろうと思っています。ウイルスを研究し続けた者として、ウイルスが単に生物を病気にさせるために発生したとは、どうしても思えないのです。

第7章

現代のコアラはタイムマシーンか

——種の壁を越えていくウイルスの現場

レトロウイルスが生殖細胞に入り内在化する過程

レトロウイルスに感染した個体の細胞にレトロウイルスのゲノムが組み込まれても、その細胞が生殖細胞でなければ、レトロウイルスが遺伝によって世代を越えて受け継がれることはありません。子孫に遺伝するのは、レトロウイルスが生殖細胞に感染した場合です。

生殖細胞というのは、有性生殖を営むほ乳類の場合は卵細胞や精子の細胞、あるいはそれらの前駆細胞のことです。それらの細胞にレトロウイルスが感染し、レトロウイルスの遺伝情報が組み込まれると、その後の子孫に受け継がれます。

では生殖細胞にどのように感染するのでしょうか。体内で増殖したレトロウイルスは、フリーのウイルス粒子、もしくは感染細胞（ウイルス遺伝子が感染細胞の染色体に組み込まれたプロウイルスの状態）で血流に乗って移動します。ウイルスや感染細胞が血流に乗れば、生殖細胞（卵子や精子、その前駆細胞）の近くにまで行くことはできます。ただ、生物にとって種の存続に関わる生殖細胞はとても大事なものです。雄ではこの生殖細胞にウイルスが簡単に感染しない仕組みがあります。血液精巣関門です。血液精巣関門では、精子のもとの細胞を取り巻くセルトリ細胞が関門のようなはたらきをして、血液中の異物（細胞やさまざまな分子など）が入り込むのを防ぎます。

しかし、この血液精巣関門の防御は完全ではありません。なぜなら、精子のおおもとになる精原細胞は血液精巣関門の外にあるからです（図19）。精原細胞は減数分裂（1対の染色体数〔46本〕を半数〔23本〕にする分裂。染色体数が半数になった精子と卵子が受精して、染色体数はもとの数〔46本〕に戻る）をするときに血液精巣関門を通過し、それから精子になります。レトロウイルスが血液から精原細胞に感染すれば、遺伝的に変異した（そのレトロウイルスの配列をもった）精子が作られ、その変異が子孫に引き継がれていく可能性が出てきます。

卵巣においては血液精巣関門のような物理的な防御の壁がありません。生殖にかかわる細胞は血液から守られて

図19　血液精巣関門

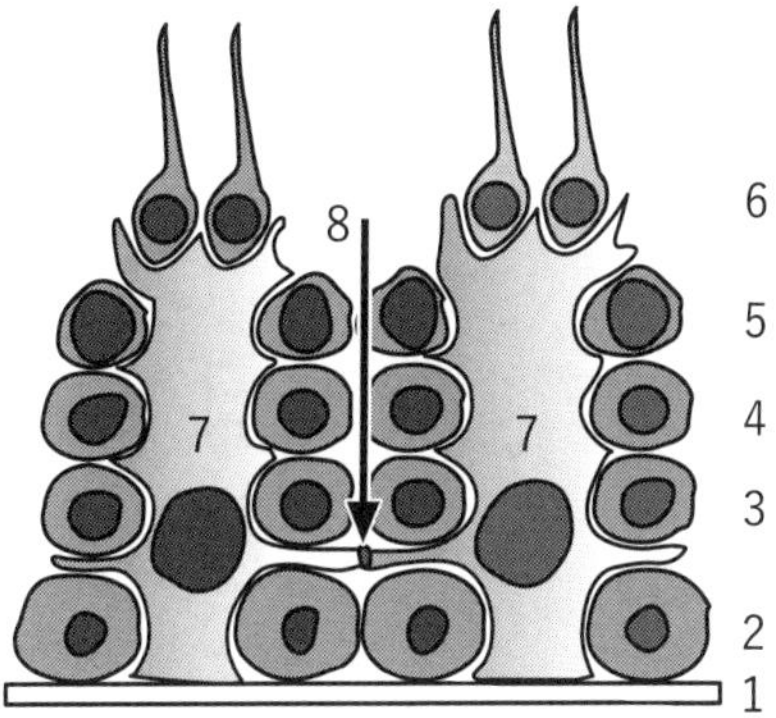

出典：日本獣医解剖学会編集　『獣医組織学 改訂第二版』学窓社　2003年

1 基底膜　2 精原細胞　3 一次精母細胞
4 二次精母細胞　5 精子細胞　6 成熟した精子細胞
7 セルトリ細胞　8 血液精巣関門（密着結合）

いるイメージがありますが、生殖細胞もウイルスに感染する可能性は決して低くありません。

完全な形のレトロウイルスは内在化できるのか

このように、ウイルスが生殖細胞に感染することは考えられます。レトロウイルスが生殖細胞に感染した場合は、その生殖細胞のゲノムにレトロウイルスの遺伝情報が書き加えられてしまいます。それが個体として生まれた場合は、レトロウイルスの配列が子孫に引き継がれていくことになります。

ただ、現存のほ乳類では、ほとんどのレトロウイルスの生殖細胞のゲノムへの侵入は何らかの方法でブロックされていると思われます。というのも、レトロウイルスに感染した動物から子どもが生まれても、その子どものゲノムにレトロウイルスが内在化した事例は知られていないからです。なぜ容易には内在化しないのでしょうか。

まず考えられるのは、現在個体間で流行しているレトロウイルス（これを外来性レトロウイルスと呼びます）の感染受容体が、生殖細胞にはないということです。例えばヒトに感染するレトロウイルスは、ヒトT細胞白血病ウイルスとヒト免疫不全ウイルスですが、これらのウイルスが感染するために必要な感染受容体は生殖細胞には発現していません。ですので、これらが生殖細胞には感染できないと考えられます。

では他の動物のレトロウイルスはどうなのでしょう。ヒト以外の動物のレトロウイルスの感染受容体は生殖細胞にも発現していると考えられるので感染できそうです。

もし、生殖細胞の前駆細胞にレトロウイルスが感染したらどうなるのでしょうか。レトロウイルスが入り込んだ精原細胞、卵原細胞などでウイルスが増殖すると、減数分裂の過程で異常を来《きた》す可能性があります。また、受精卵で新しいレトロウイルスがゲノムに入った場合、発生の過程で分裂した細胞に再感染する可能性があります。発生過程でウイルス増殖を制御できなくなったら発生が途中で止まるのかもしれません。

このような不都合なことを防止するために、実は生殖細胞でウイルスの増殖を抑える機構をほ乳類はもっています。それはエピジェネティックスを利用した制御です（Ref.53）。エピジェネティックスとは、染色体のＤＮＡを取り囲むタンパク質の化学的修飾によってｍＲＮＡの転写を抑制したり、促進したりする機構です。今回はエピジェネティックスの詳しい説明は省略しますが、ほ乳類はさまざまな機構で生殖細胞でＬＴＲレトロトランスポゾンや内在性レトロウイルスが飛び回ることを抑えています。この機構によって生殖細胞に新たに感染して入り込んだレトロウイルスの増殖を抑えることができます。

しかし、問題は胎盤です。胎盤においてはエピジェネティックスによる発現抑制制御が緩んでいます（Ref.54）。なぜ抑制制御が緩んでいるのか、その理由はわかりませんが、抑制制御が緩むことにより、胎盤では内在性レトロウイルスが活性化しており、胎盤からは内在性レトロウイルスの粒子と思われるレトロウイルス様《よう》粒子が飛び出してきています。胎盤は母親の細胞と胎児の細胞が集まってできていますが、胎児側の胎盤の細胞から感染性のレトロウイルスが出てきたら、母親側の胎盤の細胞にもウイルスが感染、増殖するでしょう。ひいては母親もレトロウイルスの感染の危険にさらされてしまいます。

いったいどのようにして、この危機を回避しているのでしょうか？　胎盤から出てくるレトロウイルス様粒子は遺伝子欠損により増殖能力は失われているようですが、内在化したてのレトロウイルスはどうなのでしょうか。

一般的には、レトロウイルスが内在化するときは、完全な形のウイルスが内在化し、長い年月をかけて徐々に変異が入り、ストップコドンや一部遺伝子が欠損して非増殖型になると考えられています（Ref.55）。しかし、私は、レトロウイルスが内在化するのは遺伝子配列が完全な形のレトロウイルスではなく、不完全な（一部途切れた）レトロウイルスが内在化する場合が多いのではないかと考えています。完全な形のレトロウイルスのゲノムが入ってしまった受精卵は、発生途上で死んでしまい、個体として生まれないのではないでしょうか。一方、不完全なレトロウイルスゲノムが入った胚や胎盤からは感染性のウイルス粒子は出ないので、再感染せず（あるいは再感染しても増殖せず）、発生時のリスクは低くなります。このように考えた理由について私たちの研究を紹介しようと思います。

ヒトレトロウイルスと誤解されたRD－114ウイルス

RD－114ウイルスというレトロウイルスがあります。

腫瘍を起こすレトロウイルスからがん遺伝子が見つかったことは前の章で述べました。当時、一部のレトロウイルスによって腫瘍が起こることがわかってきていたのですが、どうしてもヒトで腫瘍を起こすレトロウイルスは見つかりませんでした。その前にも何回かヒトの腫瘍からレトロウイルス粒子が見つかったのですが、いずれも実験室内コンタミネーション（人為的ミスによるウイルスの混入）だったのです。腫瘍を起こすレトロウイルスはRNA腫瘍ウイルス（RNA Tumor Virus）と呼ばれていたのですが、あまりにもこのケースが多かったので、噂のRNAウイルス（RNA Rumor Virus）と揶揄《やゆ》されていたほどです。

１９７１年アメリカで、ニクソン大統領が、アポロ計画の後の国家的大型プロジェクトとして、がんの撲滅を掲げました。ベトナム戦争の失敗（泥沼化）によって支持率が落ちてきたときであり、ニクソン大統領はがん撲滅の国家的プロジェクトを立ち上げることで人気の挽回を図っていたのです。

レトロウイルス粒子がヒトの横紋筋肉腫から電子顕微鏡で見つかった論文（Ref.56）が発表されたのは１９７２年なのですが、事前に情報を入手していたニクソン大統領が、このウイルス（ＲＤ－１１４ウイルスと命名）こそがヒトのがんの研究の手がかりになるとして、がん撲滅プロジェクトの要に据え、１９７１年12月23日に大型予算（がん対策法：National Cancer Act）の執行にサインをしたのでした。

ところが、１９７３年にこのＲＤ－１１４ウイルスがネコにもともと存在することがわかりました（Ref.57）。ＲＤ－１１４ウイルスはネコがもともともっていた内在性レトロウイルスだったのです。なぜ、ヒトの横紋筋肉腫からネコのＲＤ－１１４ウイルスが出てきたのでしょうか？

現在、研究のためヒトの腫瘍をヌードマウスや免疫不全マウスに移植することがあります。当時はまだそのようなモデルマウスがなかったので、ヒトの腫瘍を一旦ネコの脳に移植して、ヒトの腫瘍を増やしていたのです。脳内では免疫は強く作用しないので、ネコの脳に移植したヒトの腫瘍はネコからの免疫攻撃を受けることなく増えることになります。そして、増えた腫瘍の細胞を取り出して試験管内で培養していたところ、レトロウイルスの粒子が見えたのでした。

その後の調べによって、ＲＤ－１１４ウイルスはネコの「感染性の」内在性レトロウイルスだとわかりました。さらにその後の試験管内の実験で、ＲＤ－１１４ウイルスはネコの細胞には感染しないことが報告されました（Ref.58, Ref.59）。同種の細胞には感染せず、異種の細胞に感染するレトロウイルスのことを異種指向性（ゼノトロピック）ウイルスと呼びます。ＲＤ－１１４ウイルスはネコの生殖細胞に感染してゲノムに入ったはずなのですが、その後、ウイルスが利用する宿主の感染受容体に変異が入って、ネコには感染しなくなったと考えられました。

さらに、このＲＤ－１１４ウイルスは、ヒヒの内在性レトロウイルス（ヒヒ内在性レトロウイルス〔BaEV〕）と遺伝的に極めて似ていることがわかりました。そこでＲＤ－１１４ウイルスはおよそ６００～１０００万年前にヒヒの祖先か、あるいは別の動物からヒヒとネコに感染したのではないかと考えられました。

また内在性レトロウイルスを活性化する薬剤で細胞を処理すると、調べたすべてのネコの細胞でRD－114ウイルスが産生されるという報告もありました（Ref.58, Ref.59）。つまり、RD－114ウイルスは600〜1000万年前にネコに感染してネコのゲノムに入り込み、その後、ネコが感染受容体を変えてRD－114ウイルスに感染しなくなるように進化したものの、異種動物への感染性を維持したままネコのゲノムに潜んで現在に至ったということになります。大変不思議なことですが、このことはレトロウイルスの専門書にも書かれていたことでした。

ところが、私が1994年にグラスゴー大学に留学したとき、衝撃的な現象を見つけたのです。

上に述べたように、RD－114ウイルスは異種指向性ウイルスであるから、ネコの細胞に感染しないことになっていたのですが、なんとRD－114ウイルスは一部のネコの細胞にも感染したのです（Ref.60）。このことに、私はとても驚きました。

というのも、ネコは「自分自身に感染する」レトロウイルスを、生まれながらにしてゲノムにもっているということになります。ネコは大丈夫なのでしょうか。RD－114ウイルスは宿主の細胞に感染しても細胞を殺しません。しかし、もしがん遺伝子や細胞増殖因子の遺伝子の近傍にＲＤ－１１４ウイルスのゲノムが組み込まれると、がん遺伝子や細胞増殖因子の遺伝子の発現量は上昇します。レトロウイルスに含まれる配列が、組み込まれた近傍の宿主の遺伝子のｍＲＮＡ発現量を上げてしまうのです。そのため、その細胞はがんになるリスクが上がります。ネコはなぜがんになるリスクのある感染性のレトロウイルスを何百万年もゲノムに維持しているのでしょうか。

ワクチンに混入していた感染性ＲＤ－１１４ウイルス

ＲＤ－１１４ウイルスがネコの細胞に感染することがわかって、私は１つ心配したことがありました。

感染性のＲＤ－１１４ウイルスを産生することで有名な細胞にＣＲＦＫ細胞（Crandell-Rees Feline Kidney cell）というものがあります。ＣＲＦＫ細胞はさまざまなネコのワクチンの製造用細胞として使われています。もし、ワクチンの中にＲＤ－１１４ウイルスが紛れ込んだとしたら、少なくともワクチン接種部位にＲＤ－１１４ウイルスが感染することになります。そこでウイルスが増殖すればさらにそれが全身に回ることになります。そうなると腫瘍を起こす可能性が出てきます。当時、ネコのワクチン接種部位に線維肉腫が発生することが話題になっていたので、もしかしたら、その線維肉腫の発生に、ワクチンに混入しているRD－114ウイルスが関与しているのではないかと考えたのです。

そこで私たちは、さまざまなネコのワクチンにRD－114ウイルスが混入していないかを調べました。すると危惧した通り、一部のネコのワクチンに感染性のRD－114ウイルスが混入していたのです（Ref.61）。さらに驚くべきことに、一部のイヌ用のワクチンにも感染性のRD－114ウイルスが大量に混入していることも発見しました（Ref.62）。

試験管内の実験では、イヌの細胞のRD－114ウイルスは感染しよく増殖します。そのイヌのワクチンではネコの細胞を製造に用いていないのに、なぜRD－114ウイルスがイヌのワクチンに混入したのか。私は、原因究明を試みました。

結局わかったことは以下の通りです。

RD－114ウイルスが混入していた混合生ワクチン（3種類のウイルスを混ぜた3種混合ワクチン）では、感染性の弱毒イヌパルボウイルスが使われています。もとになった、イヌパルボウイルスの由来を調べてみると、なんとイヌからパルボウイルスを分離するのに、ネコの細胞が用いられていることがわかりました。どうもウイルス分離の過程でRD－114ウイルスが混入してしまったようなのです。

そして、ＲＤ－１１４ウイルスが混入していたイヌのワクチンでは、ネコの細胞は使われていなかったものの、イヌパルボウイルスを増やすときにミンクの細胞を使っていました。ミンクの細胞にもＲＤ－１１４ウイルスは感染し増殖します。そのため、ワクチンを製造するときに使ったイヌパルボウイルスの種《たね》ウイルスの中にＲＤ－１１４ウイルスがわずかにでも混入していれば、製造の過程でＲＤ－１１４ウイルスは一気に増殖して、ワクチンに大量混入してしまいます。生ワクチンの場合、ウイルスを不活化しないので、ＲＤ－１１４ウイルスが感染性を保持したまま混入してしまったのです。

そのワクチン会社の種ウイルスを調べることはできなかったので、確定はできなかったものの、別のワクチン会社のイヌパルボウイルスのストックウイルスを調べたところ、感染性のＲＤ－１１４ウイルスの混入が認められました（Ref.63）。ネコの細胞を用いる限り、ＲＤ－１１４ウイルスが混入してしまうリスクがあることがわかったのです。さらにワクチン製造用細胞にネコの細胞を使わなくても、ネコの内在性レトロウイルスが混入してしまったことは、まさに盲点をつかれた思いです。

加えて、ＲＤ－１１４ウイルスをイヌに接種すると実際に感染することもわかりました（Ref.64）。ただし、健康被害を及ぼすかどうかはわかりませんでした。

その後、国内外のワクチンメーカーや農林水産省傘下の動物医薬品検査所、アメリカ食品医薬品局（ＦＤＡ）や欧州医薬品庁（ＥＭＡ）と激しく争うことになりましたが、結局、この問題はうやむやにされたまま現在に至っています。

ワクチンの安全上の問題もさることながら、私にはネコが感染性の内在性レトロウイルスを何百万年も保持していることが不思議でなりませんでした。先に述べたように、ネコはＲＤ－１１４ウイルスをもつことによってがんになる可能性が高まります。なぜ、生体の生存に不利になるような感染性の内在性レトロウイルスをもち続けたのでしょう。生存に有利でなければ、長い間に、遺伝子内部に欠失変異が起きたり、ストップコドンが入って、非増殖型になり、非増殖型の内在性ＲＤ－１１４ウイルスを保持した個体が集団中に増えて、いずれ入れ替わるはずなのです。

不完全なウイルスが組換えで復活

その後、より安全なワクチンを作る目的で、ネコの内在性ウイルスであるＲＤ－１１４ウイルスを除去したワクチン製造用の細胞を作ることを試みました。当時、転写活性化様エフェクターヌクレアーゼ（ＴＡＬＥＮ）を用いて、細胞のゲノムから特定のＤＮＡ配列を取り除く（これをノックアウトするといいます）技術が開発されたところでした。ＲＤ－１１４ウイルスに類似した配列はネコの細胞に約20コピー入っていることがわかっていましたが(Ref.65)、ＴＡＬＥＮでは複数の箇所を一度にノックアウトすることはできません。ＴＡＬＥＮ技術でノックアウトする前には、感染性のＲＤ－１１４ウイルスのゲノムが宿主ゲノムのどこに存在するのかを特定しなければなりません。感染性のＲＤ－１１４ウイルスの組み込まれている場所と周囲の配列さえわかれば、その部分の配列を取り除くことができると考えたのです。

その後２年ほどかけて、さまざまなネコの細胞に入っているＲＤ－１１４ウイルスの類似配列を詳しく調べたのですが、結局、感染性を保持しているＲＤ－１１４ウイルスゲノムの挿入は見つかりませんでした(Ref.66)。

では、なぜ試験管内でネコの細胞から感染性のＲＤ－１１４ウイルスが出てくるのでしょうか。実は、それは組換えという現象でした。

ＲＤ－１１４ウイルスの類似配列はネコのゲノムに20ほどあるのですが、いずれもストップコドンや欠失によって壊れています。ところが、試験管内で長期間培養していると組換えが起こって感染性のウイルスが復活するのです。

どのように復活するのでしょうか。実は、不完全なウイルスゲノムRNA2種類がウイルス粒子の中に入って、それが細胞に感染して侵入すると、細胞内でウイルスのRNAがDNAに逆転写されるときに、ウイルスゲノム同士で組換えが起こり、不完全な部分を補い合って、完全なゲノムに復活するのです（Ref.66）。

その後私たちは、不完全なRD－114ウイルスゲノムの中で、感染性復活に必要なRD－114類似配列を特定し、それをノックアウトすることに成功しました（Ref.67）。その細胞からは長期間培養しても、感染性のRD－114ウイルスは復活しないので、その細胞を使えば安全なワクチンを作ることができます。このようにして、安全なワクチンを作る細胞の樹立に成功したのです。

この研究結果から、私たちは内在化するウイルスのほとんどすべては、生殖細胞に入った時点から不完全だったのではないかという仮説を立てました。

ある動物の生殖細胞にレトロウイルスが感染して内在化するのですが、もし感染性を保持しながら受精卵にレトロウイルスの配列が組み込まれた場合、発生の過程でレトロウイルスが暴れ回る可能性があります。先に述べたように発生の過程ではレトロウイルスの発現を抑える機構はあるのですが、胎盤ではその機構は緩むので危険性が残ります。ところが不完全なゲノムであれば、感染性のウイルスはできないので、発生途中でレトロウイルスが暴れ回ることがなく、個体として産まれる確率が高まります。

RNAウイルスは変異しやすいのが特徴です。感染した宿主細胞の中でウイルスが複製されて増殖するとき、完全にコピーされることはなく、もとの遺伝情報と異なるウイルスもできます。その中には感染性を保持しても増殖性をもたないウイルスもあるでしょう。それが生殖細胞に入ったとき、内在化されやすいのではないかと考えています。

レトロウイルスの内在化をめぐる疑問は尽きない

ただ、こう考えても疑問はいろいろと残ります。例えば、有性生殖の場合、染色体は2セット（1対）あり、親の雄と雌からそれぞれ1セットずつ引き継ぎます。子どもは、親の雄あるいは雌から内在性レトロウイルスを受け継いでも、対になっている染色体のうち1本しか内在性レトロウイルスをもてません。その子どもがさらに子どもに受け渡すとき、減数分裂を経るので、その内在性レトロウイルスを残せる確率は2分の1です。さらに次世代では、その2分の1になります。世代を重ねるたびに薄まって、やがて抜け落ちていくのではないでしょうか。

しかし実際は、現在の内在性レトロウイルスの多くは、染色体の両方の対に組み込まれているものが多いのです。新しい内在性レトロウイルスを獲得した親が生んだ兄弟姉妹の中で、内在性レトロウイルスをもっている個体同士が交配することで、結果的に内在性レトロウイルスが対になっている2本の染色体の同じ場所に残り続け、固定化されていったのかもしれません。ともかく、長い歴史の中で内在性レトロウイルスは宿主のゲノムに固定化され、綿々と受け継がれていったのだと思われます。

偶然に偶然を重ねて消えなかった内在性レトロウイルスが今でも残っている。そう考えるならば、内在性レトロウイルスの存在は、とてもレアな現象の積み重ねが生み出したものといえます。

今、コアラのゲノムにレトロウイルスが入り込んでいる

私は1999年から2001年にユニバーシティ・カレッジ・ロンドン（UCL）のウィンダイヤー医科学研究所のロビン・ワイス教授のもとに留学していました。そのとき、ロンドンのインペリアル・カレッジから同じ研究室にやってきたジョー・マーティン博士が興味深い現象を私に教えてくれました（写真1）。

写真1　右端がジョー・マーティン博士。中央が私（2001年撮影）

彼女は、レトロウイルスの一種であるマウス白血病ウイルスに近縁の内在性レトロウイルスについて研究していました。あるとき、大英博物館などからさまざまな生物のDNAサンプルをもらい、どんな生き物にマウス白血病ウイルスに近縁の内在性レトロウイルスがいるかを一つ一つPCRにかけて調べていました。

そのサンプルにはコアラもありました。彼女はそのとき、不思議なことに気づいたのです。コアラのゲノムの中に、アジアのギボン（テナガザルの一種）の白血病ウイルス（ギボン白血病ウイルス〔GaLV〕）に似ているレトロウイルスがあったのです（Ref.68）（図20）。

PCRで見つかったコアラのレトロウイルスの配列は、本当に内在性レトロウイルスなのでしょうか。ＰＣＲで分析をしても、サンプルの中にあるレトロウイルスがコアラの個体間を感染で飛び回っているレトロウイルス（これを外来性レトロウイルスと呼びます）なのか、遺伝で親から子へ伝わっていく内在性レトロウイルスなのか区別がつきません。ただ、レトロウイルスが感染しないと思われる部位から採取したＤＮＡだったので、彼女が見つけたのは内在性レトロウイルスである可能性は高いと考えられました。

内在性レトロウイルスは大昔の感染の痕跡です。そうなると謎は深まります。なぜかというと、ギボンに感染しているＧａＬＶは外来性レトロウイルスですので、内在性レトロウイルスよりも歴史的に新しいウイルスのはずです。そうなると、コアラの内在性レトロウイルスがコアラから飛び出して、ギボンに感染したことになってしまいます。しかし、ギボンとコアラが棲息する場所は、長い歴史を考えても異なっており接点がないので、理屈にあいません。

私は今でも、彼女から「どう思う？　タカ、どう思う？」と聞かれたことをよく覚えています。私にもわかりませんでした。

コアラは２つの系統に分かれています。北方系と南方系のコアラです。北方系のコアラは主にクイーンズランド州とニューサウスウェールズ州に棲息し、南方系のコアラは主にヴィクトリア州に棲息しています。北方系のコアラは小柄なのですが、南方系のコアラは北方系

図20　マウス白血病ウイルスに近縁の内在性レトロウイルス

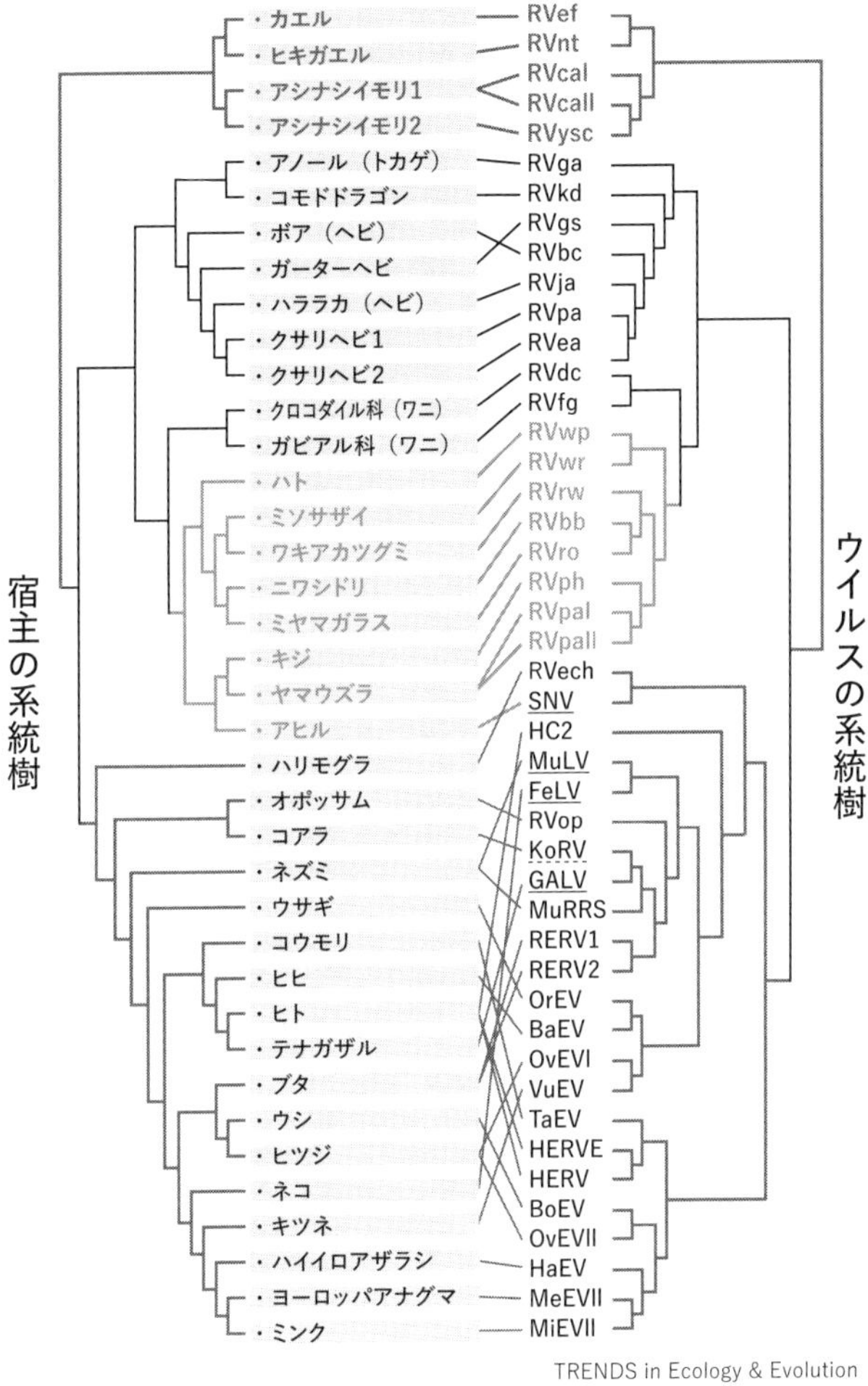

※下線がついているウイルスは外来性レトロウイルスである。KoRV は内在化しつつあるレトロウイルスである

出典：Bromham L. (2002). The human zoo: endogenous retroviruses in the human genome. *Trends Eco. Evol.* 17(2): 91-97.（翻訳、一部改変のうえ転載）

のコアラの2倍ほどの体重があり、体毛も長く毛の色が暗い傾向にあります。見ればだいたい区別はつきます。オーストラリアは南半球ですから、北の方が温暖です。この形質の差は気候の影響があると推測されます。

北方系のコアラではリンパ腫や白血病が頻発していました。その腫瘍にレトロウイルス粒子が見つかり、さらにその遺伝子解析がなされました(Ref.69)。そのウイルスはコアラレトロウイルス(ＫｏＲＶ)と名付けられました。先ほど述べたように、ＫｏＲＶはギボンのＧａＬＶと近縁でした。

その後、衝撃的な論文が世界的に有名な科学雑誌『ネイチャー』に発表されました(Ref.70)。２００６年のことです。今まさにコアラのゲノムにレトロウイルスが入っているという内容でした。

そのＫｏＲＶの遺伝子情報をもとにＰＣＲでウイルスの感染状況を調べたのですが、なんと北方系のコアラはそのＫｏＲＶを生まれながらにしてもっていたのです。一方南方系のコアラはそのＫｏＲＶをあまりもっていませんでした(図21)。

つまりＫｏＲＶは北方系のコアラから南に向かって感染が広がり、北方系のコアラでは近年生殖細胞に入り、内在化しつつあるのではないかと推察されました。

図21　KoRVの感染状況（陽性個体数／検査個体数）

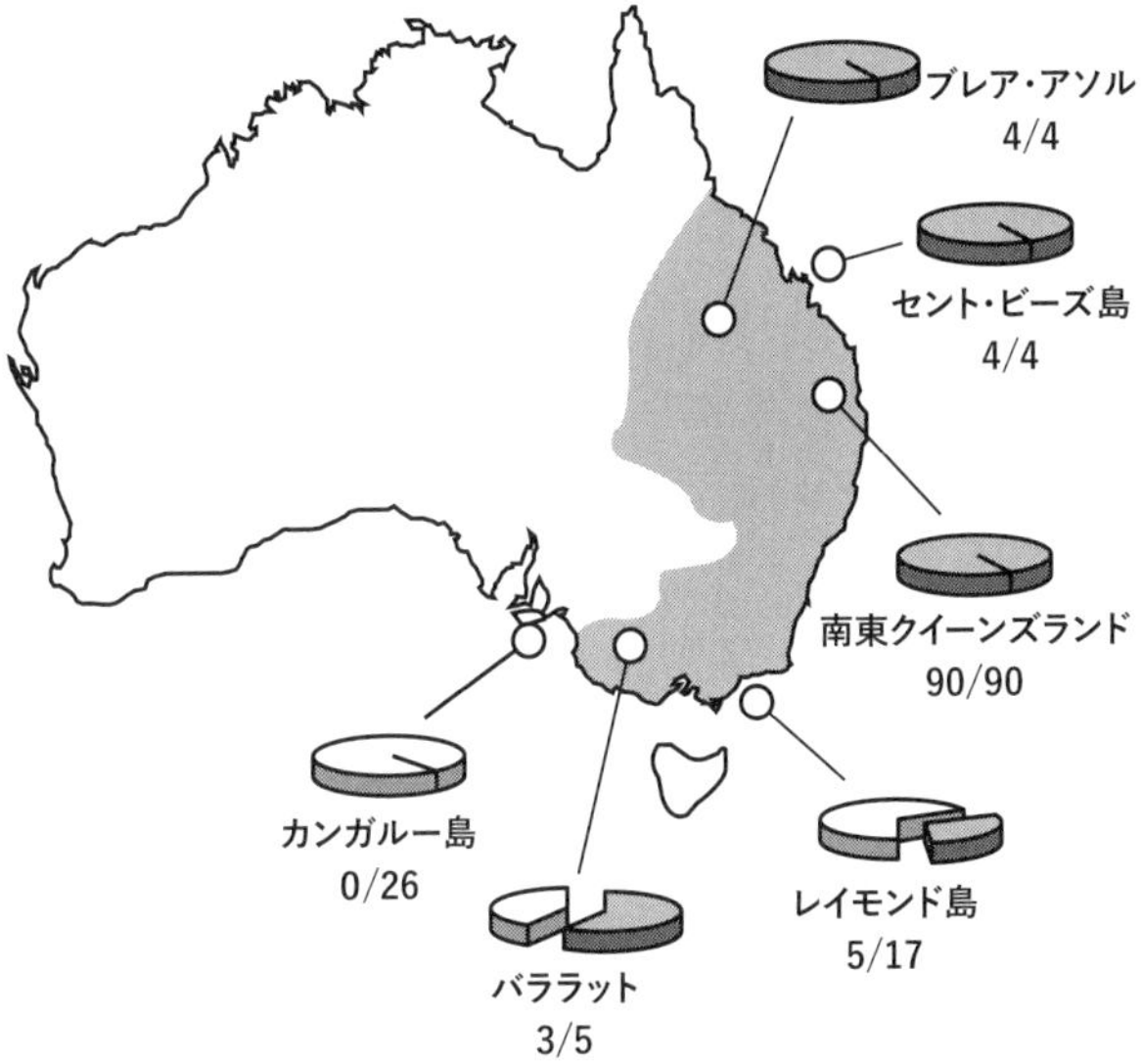

出典：Ref70 掲載の図を翻訳のうえ転載

現存の生物、それもほ乳類でレトロウイルスがゲノムにリアルタイムで内在化しつつあることは夢にも思わなかったので、とても驚きました。

驚いた次の瞬間、ジョー・マーティン博士のことを思い出しました。彼女はその大発見の近いところにいたのです。ＫｏＲＶとＧａＬＶが似ていたのは、おそらくギボンの白血病ウイルスに近いウイルスが近年コアラのゲノムに入ったからなのです。

当時の調査では、北方系コアラのゲノムには、近年入ったと思われる内在性レトロウイルス（親から子へ遺伝で引き継がれるＫｏＲＶ）とともに、外来性のＫｏＲＶ（個体間を感染で広がるＫｏＲＶ）が分離されました。しかし、南方系コアラになるとＫｏＲＶの検出は半分以下になり、カンガルー島と呼ばれる南の島のコアラはＫｏＲＶの感染はゼロでした（Ref.70）。興味深いことに、北方系のコアラの個体数は減少しているのにもかかわらず、南方系のコアラは増えており、カンガルー島のコアラに至ってはたくさん増えすぎて、逆にコアラの食べ物であるユーカリがなくなってしまい、島内のコアラが食料不足で餓死するのではないかと危惧されていました。

北方系のコアラの個体数が減少するのは、生息域の環境の悪化（森の分断、山火事、交通事故）と考えられてきましたが、一番の要因は外来性ＫｏＲＶなのかもしれません。感染個体は白血病やリンパ腫、あるいは免疫不全になって死亡することが多いのです（Ref.71）。北方系のコアラでは免疫抑制によると考えられるクラミジアの感染も蔓延しています（Ref.72）。

外来性ＫｏＲＶの感染による病気以外にも、レトロウイルスが生殖細胞のゲノムに入ったことによって、繁殖率が落ちた可能性が考えられます。この率の低下が一時的なものなのか、長く続くのかはわかりません。

最近の報告によると、ＫｏＲＶ感染個体がいなかったカンガルー島のコアラにもＫｏＲＶ

が入ってしまったようで、ＫｏＲＶの陽性率も上がっているそうです（Ref.73）。カンガルー島のコアラでＫｏＲＶが内在化しつつあるのかについてはまだわかっていません。

コアラはさまざまなレトロウイルスに感染している

２００６年の『ネイチャー』論文で、コアラのゲノムに近年内在化したレトロウイルスがあることがわかり、私はすぐにオーストラリアのクイーンズランドに向かいました。その論文の共著者ジョアン・ミアーズ博士とは学会で知り合った古くからの友人です。クイーンズランドではサンプルの分与を受けたほか、コアラの飼育施設で調査をすることができました（写真2）。

日本に戻り、私は日本の動物園にいるコアラの感染調査を始めました。このような研究で必要となるのはウイルスの分離です。最初にサンプルを提供してくれたのは神戸市立王子動物園でした（写真3）。その中の一頭を私は今でも覚えています。顔つきや毛並みに強い個性があり、私はとても好きだったのですが、血液サンプルの採取後しばらくしてリンパ腫で亡くなってしまいました。

日本の動物園にいるコアラから分離したＫｏＲＶを解析しているうちに、私たちは奇妙な

写真 2　ジョアン・ミアーズ博士と私
（コアラが生息するクイーンズランド州の森林にて 2007 年撮影）

写真 3　神戸市立王子動物園のコアラからの採血風景（2007 年撮影）

ことに気がつきました。ＫｏＲＶは単一ではなく、少なくとも4種類あるということです。4種類あるとわかったのは、感染受容体への結合部位のアミノ酸配列が大きく異なっていたからです。私たちは4種類もＫｏＲＶを見つけたので、その発表に慎重を期していました。動物園で他の動物からＫｏＲＶ類似ウイルスが感染した可能性も考えられます。そこで、アメリカのレトロウイルス研究の大御所を研究者として信頼して、その人に意見を求めました。しかし、なぜか返事をいただけませんでした。

その後、オーストラリアにも行き、日本でみられた新しいＫｏＲＶが存在するか調べたのですが、見つかりませんでした。

そして数年経ったとき、びっくりする出来事が起こりました。なんと私が相談した大御所の研究者が、私たちが見つけたものと同じレトロウイルスをサンディエゴ動物園のコアラに見つけ、国際学会で発表したのです。

そこで、私たちも急いで論文をまとめて発表しました。すぐに論文を出すことができれば、後追いしたのではないことを示せます。データの取得は明らかに私たちのほうが圧倒的に早かったのです。大御所の論文は米国科学アカデミー紀要に発表されましたが（Ref.74）、私たちはその論文が出る前に投稿して米国微生物学会が出版しているJournal of Virology

に公表することができました（Ref.75）。私たちが論文を掲載した雑誌はウイルス専門誌ではトップクラスなのですが、大変悔しい経験になってしまいました。

非常に興味深いことに、ＫｏＲＶの感染受容体のうち２つはネコ白血病ウイルスＦｅＬＶ（レトロウイルスの一種）と同じ感染受容体（感染の際に利用する細胞側の分子）でした（Ref.74, Ref.75）。ＫｏＲＶとＦｅＬＶは遺伝的に離れているのに、感染受容体が同じというのはなぜなのでしょうか。興味は尽きません。

このほかにも、私たちの研究室ではさらに別の内在性レトロウイルスも見つけました。北方系のコアラだけでなく南方系のコアラにも見られる内在性レトロウイルスです。コアラは現在内在化しつつあるＫｏＲＶ以前にも、数万年以内にレトロウイルスを内在化した経験があったようです。

どうして今、コアラのゲノムにレトロウイルスが入ってきたのか？

なぜ、今、コアラのゲノムにレトロウイルスが侵入しているのでしょうか。私は次のように推測しています。

大陸はいつも少しずつ移動しています。これまでに、いくつもの大陸が長い時間をかけて分裂したり結合したりしてきました。オーストラリア大陸や南極大陸は、かつては他の大陸の一部でしたが、そこから離れて移動し、今の場所に至っています。

オーストラリア大陸や南極大陸が移動を始めたとき、ちょうど巨大隕石が地球に落ちたのです（およそ６５５０万年前）。そして恐竜は絶滅して、ほ乳類がそのニッチを埋めていきました。次の章で述べますが、ほ乳類ではレトロウイルスの流行やレトロトランスポゾンの活性化がみられ、胎盤がさまざまに進化し、その中で真獣類（有胎盤類）が現れました。

しかし、オーストラリア大陸と南極大陸は、すでにその他の大陸から離れていました。オーストラリア大陸では、ほ乳類にはしっかりとした胎盤をもつ真獣類が現れず、子どもを体内で大きく育てられるような胎盤ができませんでした。どうして、オーストラリアには真獣類が出現しなかったのか。私は、他の大陸ではあった胎盤の進化のもとになったレトロウイルスの侵襲がこの大陸ではなかったからなのではないかと考えています。

ところが、およそ数万年前に人類がオーストラリア大陸に到達し、さらに今から２００～３００年前、ヨーロッパから多くの入植者がやってくるようになりました。ウシやヒツジなどの家畜の他に、ネズミなどの真獣類のほ乳類も人とともに侵入しました。そのときに、それらのほ乳類を宿主とするレトロウイルスもたくさん入ったのではないかと考えられます。

今、コアラのゲノムにレトロウイルスが次々に入って内在化しているのは、この頃になって別の大陸から、有袋類が感染したことのないレトロウイルスをもった真獣類が、オーストラリアにたくさん入ってきたからではないでしょうか。

これは恐竜絶滅のあとに起きた現象か？

ヒトの場合、ヒトが現れた20万年前以降、新しいレトロウイルスが感染して内在化した例はないと考えられています。

ヒトのゲノムの約9％は内在化されたレトロウイルスです。ヒトを含むほ乳類はレトロウイルスによって進化した可能性が多分にあります。レトロウイルスはどのようにしてゲノムに入っていくのか。研究者がその実験をしたいと思ってもできません。例えば、マウスにレトロウイルス（白血病ウイルス）を接種しても、内在化の過程を再現できないのです。

ところが、コアラのゲノムには今、外来性のレトロウイルスが入っているのです。レトロウイルスがどのように生殖細胞のゲノムに入るのか。それがどのように子孫に引き継がれていくのか。それを調べることが現代のコアラでできるのです。

オーストラリアのほ乳類は未熟な胎盤のまま進化し、その代わりに胎仔のような小さな子どもを出産して育てる袋（育児嚢《いくじのう》）をもつようになったのかもしれません。ちなみに、コアラはほ乳類でありながら、その子どもはわずか1センチメートルくらいで生まれます。重さは1グラム程度。６カ月ほど母親の袋の中で母乳を吸って大きくなります。

今、コアラが見せてくれているゲノム改変の現象は、恐竜絶滅後に真獣類の祖先にも見られた現象かもしれません。私が特に知りたいと思うのは、レトロウイルスが生殖細胞に入って、宿主がどうやって生き残るのか、そして感染によって宿主が新しく獲得したレトロウイルスが新規機能をもちうるのかというところです。この解明には長期に亘る研究が必要です。周囲からは「コアラなんか研究してどうするんだ?」という目で見られていますが、この千載一遇のチャンスを逃してはならないと思うのです。

タイムマシーンに乗らなくてもレトロウイルスによるほ乳類の進化の過程をリアルタイムで研究するチャンスが目の前にあるのです。オーストラリアの有袋類、特にコアラは、レトロウイルスによる生物の進化を教えてくれるタイムマシーンのような生き物だといってよいでしょう。およそ６５５０万年前から始まった恐竜の絶滅とほ乳類の進化がどのようなものだったのか。それを現代のコアラが教えてくれるかもしれないのです。若い方にも興味をもっていただきたいです。

コアラはこの危機を乗り越えられるのか？

今後、コアラはどうなるでしょうか。かつて、北方系のコアラが日本の動物園に入ってきたとき、繁殖はとてもうまくいって、個体数は順調に増えていきました。しかし、2000年代あたりから繁殖率が落ち続けています。不思議なのは、単に生まれる数が減っただけではなく、母体の袋から落ちて死んでしまう数も多くなったことでした。「嚢仔落下《のうじらっか》」といわれるものです。

コアラの袋は、カンガルーと異なって、下向きに開いています。上向きではないのです。赤ちゃんコアラは袋の中で、母コアラの長い乳首を喉《のど》の奥までくわえています。懸命に喉の奥まで乳首を飲み込んで、しがみついている。しかし、何らかの原因で赤ちゃんは袋から落ちて死んでしまうことがあります。この嚢仔落下がたいへん多くなっているのです。

動物園など、人間が管理できるところでは落下した赤ちゃんを袋に戻すのですが、やはり落ちてしまいます。これがコアラの繁殖では問題になっているのですが、よい手だてがなく、繁殖率が下がり続けているわけです。

どうして、コアラの赤ちゃんは袋から落ちてしまうのか。私は、コアラに感染しているさまざまなＫｏＲＶのうち、特定の型（Ａ型からＤ型のうちＢ型）の病原性が高いのではないかと考えています。このまま繁殖率が下がっていくと、コアラは絶滅に向かってしまうかもしれません。

ただ私は、この苦境を乗り越える個体が出てくるのではないかと期待しています。言い換えると、新たにＫｏＲＶを内在化することにより、病原性のＫｏＲＶに対して抵抗性をもつという考えです。内在性レトロウイルスが病原性のレトロウイルスの感染をブロックすることは、マウスやネコで見つかっています。

今後コアラはよい方向に進化するのか？　あるいはＫｏＲＶで病気になってしまったり、内在化によって繁殖力が下がって絶滅してしまうのでしょうか。コアラがこの危機を乗り越えることができるのなら、どうやって乗り越えるのか。危機を乗り越えるときにコアラに何らかの変化が生じるのか。その特別な変化を捉えることができたら、生物学において大きな貢献ができると思います。

遺伝子の平行移動の解明につながる可能性も

現在コアラに内在化しつつあるＫｏＲＶの起源についてはまだわかっていません。オーストラリアに棲息するバートンメロミスラット（*Melomys burtoni*）がこのＫｏＲＶに近いウイルス（おそらく内在性レトロウイルス）をもっていることがわかりました（Ref.76）。このラットのレトロウイルスが感染性をもつかどうかはわかりません。

まだ、結論は出ていませんが、私はＫｏＲＶの直接の起源は、齧歯類ではないかと考えています。先にＫｏＲＶとＧａＬＶが遺伝的に似ていると述べたのですが、ＧａＬＶに近い内在性レトロウイルスをもったネズミもアジアで見つかっているからです（Ref.77）。日本に棲息するオキナワハツカネズミ（*Mus caroli*）もＧａＬＶに近い内在性レトロウイルスをもっています。ただ、配列を調べる限り、いずれも直接の起源ではなさそうです。今後さまざまな野生動物を調べていけば、ＫｏＲＶの起源が調べられると思います。

そうなると興味が出てくるのは、ＫｏＲＶの起源ウイルスが感染していた動物から遺伝子が平行移動したのかどうかです。私の研究生活の最後にこの可能性を探りたいのですが、私が現役でいる間には無理かもしれません。この本の読者の中からこの分野に興味をもってくれる方が出てくることを祈るばかりです。

第8章

なぜ小さな恐竜も絶滅したのか?

隕石の衝突で恐竜は絶滅したのか？

私は内在性レトロウイルス研究者として、また生物学者として恐竜に人一倍の関心があります。

主に二つの点で興味があります。一つは、恐竜はどのようにして多様化して繁栄したのかという点。もう一つは、どのようにして恐竜は絶滅したのかという点です。

恐竜は、子どもにとって魅力的です。それはほ乳類にはない多様性をもっているからではないでしょうか。ほ乳類とはまったく異なった形。端的に言って、とてもかっこいい。また、陸上の恐竜の他に、海の恐竜（魚竜類）や空を飛ぶ恐竜（翼竜）がありました。あのような巨大な生き物がどうして存在できたのでしょうか。また、どうしてあのような形態で空を飛べたのでしょうか。興味は尽きません。

今、陸上にいる一番大きなほ乳類はゾウですが、ゾウよりももっと大きな恐竜はどうやって動いていたのでしょうか。きわめてラフに計算します。体が球体だとすると、長さ（直径）が2倍になれば、体重は8倍になります。しかし、筋肉の力は8倍にはならないでしょう。というのも筋肉が発揮できる力の大きさは、筋肉の太さ（断面積）にほぼ比例するからです。

ですから、体が大きくなればなるほど、筋肉は太くしなければならないのですが、限界があるはずです。最大の恐竜といわれているアルゼンチノサウルスは体長30〜40メートル、体重100トンに達していたと考えられています。ゾウの中で最大のものはアフリカゾウですが、肩までの高さが4メートルほどの大きな個体で体重が10トンならば、体重で10倍になります。筋肉の太さ（断面積）を10倍にすることはあの形では難しそうです。ほ乳類にはない骨格筋の仕組みを考えなければならないのではないでしょうか。

恐竜が生きていたのは中生代（2億5000万年前から6550万年前）ですが、他の生き物と同じように進化してきたはずです。どのような進化の道を経て、いかにして遺伝的な変異を重ねて恐竜になったのでしょうか。私はそこにとても興味があります。恐竜は、陸・海・空の環境に広く適応しました。

また、恐竜がどのように絶滅していったかも知りたいと思っています。現在もっとも有力な説は「隕石《いんせき》衝突説」です。約6550万年前、現在のメキシコのユカタン半島に大きな隕石が衝突。それによって大量のちりが大気中に漂うことになり、地表に届く太陽光が減るなどして環境が激変。恐竜は適応できず、やがて絶滅していったという説です。

この説は本当に正しいのでしょうか?

まず疑問に思うのは、なぜほ乳類が生き残って、恐竜が絶滅したのかです。隕石の衝突だけでは説明できないところが多くあるように思うのです。『京大　おどろきのウイルス学講義』でも触れていますが、本書ではより深く考察したいと思います。

恐竜の歴史は2億年前からあるといわれています。先ほども少し述べましたが、現在のほ乳類以上に陸・海・空の環境に適応し、種の多様性は富んでおり、さまざまなサイズの種がいました。それなのに、どうして絶滅したのか。鳥類は恐竜の末裔なので、恐竜すべてが絶滅したというわけではありませんが、それにしてもほとんどの恐竜が消えたのはなぜなのでしょうか。

一番不思議なのは、比較的小さな恐竜も姿を消したことです。ほ乳類と同じぐらい小さなサイズの恐竜もいました（エオシノプテリクスは体長30センチメートルほどしかありません）。確かに、大きい恐竜は絶滅しやすかったと思います。太陽光が少なくなれば、気温が下がり、植物が育ちにくくなります。植物をエサとする草食動物が少なくなれば、肉食動物も少なくなります。食べるものが少なくなれば、たくさんの食べ物を必要とする大型生物から姿を消していくでしょう。

では、小さい恐竜はどうだったのか。単なるサイズの問題であれば、生き残ってもよさそうなものです。どうして、恐竜と一緒に長く同じ環境で生きてきたほ乳類は生き残って（ほ乳類も中生代には恐竜と一緒に生きていました）、小さい恐竜は生き残れなかったのか。また、鳥に進化していく恐竜は生き残ったけれど、他の恐竜が消えてしまったのはなぜか。

私は、巨大隕石の衝突は恐竜絶滅の第一の原因ではないと思っています。恐竜はゲノムレベルで進化のスイッチを入れて失敗したという「ゲノム崩壊説」を私は唱えたいと思います。

進化の賭けに失敗した可能性

地球の環境は常に変わり続けています。まず、隕石が衝突する前から地球の環境は変わっていた可能性があります。気候は常に変動し、大気中のCO_2の量も変わり続けてきました。また、大陸は移動し、ときには火山の大噴火もあります。太陽の活動も一定ではありません。昔も今も、生き物はこのような環境変化に適応する必要があります。そして、適応できない生き物は姿を消していきます。

変わりゆく環境に適応していくには、自ら体の形や性質・特徴（形質）を変えなくてはなりません。形質を変えるということは、設計図であるゲノムを変えるということです。今まで同じ形、同じ生き方のままなら、変わっていく環境にやがて適応できなくなります。生物は、こんな進化のギャンブルをやり続けなくてはならない運命なのです。

では、どうすればゲノムを変えることができるか。先述しましたが、生物は染色体の数やゲノムのコンテンツを増やしながら、今の生存力を温存しつつ変異を蓄積するようにしたのです。

しかし、ゲノムを変えることはリスクが伴います。繁殖率が下がるほうに変わってしまったら絶滅に向かいます。また、ゲノム改変を許して、うまく変異が入ったとしても、ほどよいタイミングでゲノム改変の歯止めをかけないと、やはりゲノムは崩壊するでしょう。つまり絶滅します。結果的に生き残る生物（種）というのは、ゲノム改変をよいタイミングで許し、たまたまうまく変わることができ、遺伝子発現の制御もうまく変わり、よいタイミングで急激な改変を止められ、新たな環境において優位なポジションを得ることができた生き物なのだと思います。

私の推測ですが、恐竜もほ乳類も、巨大隕石が落ちたことによる環境激変に対応するためにゲノムの大幅な改変を許したのだと思います。進化のスイッチのようなものを入れた。必要に迫られて、生き残りを賭けて進化のギャンブルをしていたのではないでしょうか。そして、恐竜のほとんどは進化のギャンブルに負けて絶滅に向かい、成功したのは鳥につながる種だけだったということです。巨大隕石がきっかけで進化のスイッチが入り、ゲノムの改変が活発化したが、コントロールが利かなくなった恐竜は、繁殖率も下がってしまって失敗したのではないでしょうか。

隕石衝突が恐竜絶滅に関与していたことは間違いないと思いますが、恐竜絶滅の直接的な原因はゲノムの崩壊にあった、というのが私の仮説です。ゲノムを大きく改変していたけれど、何らかの理由でよいタイミングで改変を抑えることができず、制御できないうちにゲノム自体を維持できなくなり、繁殖率が下がり自滅してしまったのではないかということです。

進化のスイッチはどうやって入るのか？

生き物が変化する環境に適応するには、ゲノムを変えたり、遺伝子発現の制御を変えたりしなくてはなりません。その変化が功を奏すかどうかは偶然に左右されますが、変わらなければ環境変化に適応できません。ゲノム崩壊というリスクを引き受けて「進化のギャンブル」をする生物は、偶然に勝ったり負けたりする中で、ある種は生き残り、ある種は絶滅していく存在だといえるかもしれません。

もし、このような考え方が仮に正しいとするならば、1つの疑問が生じます。

それは、誰が進化のギャンブルのスイッチを入れたのかという疑問です。生物はどのようにして進化のギャンブルを始めるのか。

私は、ゲノムのレトロトランスポゾンに何かあるのではないかと思っています。

2021年、北海道大学の研究グループが、ある植物のレトロトランスポゾンに暑熱環境になると活性化するものを見つけて「ONSEN」と名付けました（Ref.78）。『京大 おどろきのウイルス学講義』にも書いたので詳しくは書きませんが、これは注目に値する発見です。なぜなら、環境が変化するとレトロトランスポゾンがDNAのコピー&ペーストを始める仕組みがあることを示唆したからです。つまり、ゲノムが変異を許した状態になるのです。もしかしたら、進化のギャンブルを始める一つのスイッチなのかもしれません。

熱だけでなく、宇宙から降ってくる放射線（宇宙線）や太陽の紫外線、重粒子に当たるとレトロトランスポゾンは活性化します（Ref.79）。もしかしたら、このような物質や放射線が出るような環境の変化があったときも、進化のスイッチが入るのかもしれません。

ここで、私の考えを時系列で語りたいと思います。恐竜が絶滅するまでのストーリーです。

６５０万年前、巨大隕石が落下。環境が急激に変化しました。この変化によって、生物の数が極端に減少。まず、大きな生き物が自分の体を維持するだけの食べ物を得ることができなくなり絶滅しました。恐竜も、多くの種が消えていったのでしょう。それと同時に多くの生物は進化のギャンブルのスイッチをＯＮ。ゲノム上ではレトロトランスポゾンが飛び回り、レトロウイルスも生殖細胞のゲノムに入っていくようになったのだと思います。しかし、恐竜はゲノムの改変をうまく止めることができず、やがてゲノム構造が混乱するとともに、繁殖率が低下。ほとんどの種が絶滅していったのではないでしょうか。実際にレトロトランスポゾンが活性化すると精巣が萎縮《いしゅく》することも知られています(Ref.80)。

ただ、すべての恐竜が進化のギャンブルに負けたわけではありませんでした。一部の恐竜だけはゲノム改変がうまくいき、環境変化を乗り越えて、今の鳥類に進化していったのかもしれません。

また、一方のほ乳類は生き残り、さらに恐竜もいなくなって、結果的にいろいろな環境で優位なポジションについて大繁栄しました。大きくてもネズミやリスぐらいの大きさだったのに、マンモスやクジラなどの巨大な種が現れました。コウモリなど、空を飛んだり滑空《かっくう》したりする種も現れました。

恐竜はほ乳類よりも先にゲノムを改変して大きく姿を変えてきたのですが、そのために隕石衝突後のゲノム改変も、コントロール不能になる程大きかった。一方、ほ乳類は、中生代の間はある程度自制を利かせていたために、隕石衝突後の改変もコントロールできる範囲内だった。恐竜が絶滅後、ほ乳類はレトロトランスポゾンを適度に活性化することでゲノムを変えた。その際、レトロトランスポゾンの一種であるレトロウイルスも流行し、ウイルスが飛び回った。ほ乳類は、ゲノムの改変を数多く許し、大進化を遂げ、今は、ゲノムが崩壊しないようにブレーキをかけているのではないかと思っています。

進化の成功者だった恐竜は、先に大進化していた分、隕石衝突後のゲノム変化をコントロールできなかったのではないでしょうか。

この私の考えが正しいかどうかはわかりません。証明することもとても難しいでしょう。しかし、もし現代の生き物でゲノムの改変を許している生き物をよく調べたら、ほ乳類の進化や恐竜の絶滅にかかわる大きなヒントを得ることができるかもしれません。ゲノムを崩壊させずに改変するメカニズム、あるいは改変がうまくいかず崩壊していくプロセスがわかれば、進化あるいは絶滅のメカニズムが具体的に少し見えてくるかもしれません。

恐竜絶滅の手がかりは鳥類のゲノムにあるはず

私は、恐竜の進化や絶滅の謎を解く手がかりは鳥類にあると思っています。鳥類は、恐竜の遺伝子を引き継いでいます。そのゲノムの中には絶滅してしまった恐竜の遺伝子もあるはずです。

恐竜は多様性に富んでいました。陸上だけでなく、海の中を泳ぎ、空を飛んでいました。サイズも、大きいものから小さいものまで、さまざまあったと思います。どのようにして恐竜はこのように多様化したのでしょうか。言い換えると、いかにしてゲノムを増やして変えることができたのでしょうか。

恐竜の末裔である鳥類のゲノムを調べると、いろいろ面白いことがあります。例えば、ウプサラ大学のブロムバーグ教授らが開発したレトロテクターという内在性レトロウイルスを探索するコンピューターソフトを用いて、スーパーコンピューターでほ乳類のゲノムを調べると、どのほ乳類も10%ほどが内在性レトロウイルスなのです。ところが、鳥類のゲノムを調べると3%ぐらいしか検出されませんでした。リピート配列を調べるソフトで調べるとリピート配列はもっとたくさんあるので（Ref.81）、レトロテクターで検出できない内在性レトロウイルスもたくさんありそうです。主にほ乳類の内在性レトロウイルスのデータをもとにレトロテクターが作られているので、見つけ出せていないということなのかもしれません。鳥類だけの内在性レトロウイルスをもっと詳しく調べれば、恐竜時代のレトロウイルスのことがわかる可能性があります。

実は今、私たちは1億年以上前に鳥類のゲノムの中に入った内在性レトロウイルスに注目しています（Ref.82）。恐竜時代に恐竜のゲノムに入った内在性レトロウイルスが、現代の鳥類にきれいに残っていたのです。使われなくなった遺伝子はストップコドンが入ったり、短くなっていたりするはずなので、この内在性レトロウイルスは何らかの役割（機能）を今も有している可能性は極めて高いと考えられます。それは何なのか。もしかしたら、恐竜の絶滅を唯一回避できた鳥類の謎に迫ることができるかもしれません。

きっと、鳥類のゲノムから恐竜にまつわるいろいろな発見ができるでしょう。皆さんも知りたいと思いませんか。恐竜の多様性を生み出した進化の秘密、そして短期間でほとんど絶滅してしまったメカニズム。私もとても知りたいのですが、研究予算を取るよいアイデアが思いつきません。申請しても「なんの役に立つんだい？」のひと言で終わりです。役に立たない……。確かに実生活には何も役立ちませんが、そんな役に立たないことでも、多くの方が知りたいと思えば研究に値すると思うのです。

もし役に立つとしたら、恐竜の絶滅メカニズムを知れば、ほ乳類である私たちがそれを回避することができるようになるかもしれないということです。「絶滅学」という新たな学問を立ち上げるべきではないかと、私は真剣に考えています。これまでにいろいろな生物が絶滅してきました。どうして、絶滅したのか。適者生存の戦いに負けたから絶滅したのでしょうか。私は、それだけではなく、繁殖率の低下も絶滅に関与していると考えています。絶滅について研究することは、人類の絶滅を回避することにも役立ちそうです。

第9章

場と生命、そして宇宙

個とは何か?

なぜ人は死を怖がるのでしょうか。

本能と言えばそれまでですが、亡くなる前の苦痛だけではなく、自分が消滅してしまうことに恐れを抱くのではないでしょうか。

もし魂というものがなかったら、肉体とともに自分が消えてしまいます。また、たとえ魂というものが存在したとしても記憶が消されてしまうのだとしたら、一体、自分は何のために生きているのだろうかと嘆くのではないでしょうか。

私は若い頃にそんな考えに陥って苦しんでいました。突き詰めて考えてみると、死の恐怖の原因は「自分は存在する」という感覚です。果たして自分は本当に存在しているのでしょうか、そして死とともに消えてしまう存在なのでしょうか。

皆さんは、挿し木をご存じでしょうか。私は園芸好きな父親の影響もあって、小さい頃から植物に興味がありました。小学生の時から父の見よう見まねで、サツキを集めて育てていました。変わった形の花を咲かせるサツキを集めて楽しんでいたのです。サツキは、簡単に挿し木で増やすことができます。梅雨の頃に枝の先を切って、土に挿して水を与えていると、根が生えて、育ってきます。つまり、一つの個体になります。

親株から切り離された枝が一つの個体になるのだから、一本の木はおのおのの枝（個体となり得る要素）が集まった集合体と捉えることもできます。植物に意識があるのかどうかはわかりませんが、たとえ意識があったとしても、個の概念はない、あるいは極端に薄いのではないかと思います。

大腸菌はどうでしょう。第６章で述べたように、性線毛（F因子）をもっている雄と雌があり、接合で雄から雌にF因子が移動してともに雄になります。この場合は個の概念があるような気もします。しかし、いずれにせよ、二分裂で増えていきますから個という概念はないでしょう。

では、動物ではどうでしょうか。扁形動物であるプラナリアは２つに分割すれば２つの個体になりますし、４つに分割すれば４つの個体になります。動物であるプラナリアも「個」の概念があるかどうかはわかりません。実験でわかったことですが、プラナリアには記憶ができる機能があることは確かです。餌の条件付けをすることで行動を変えることができ、その記憶はしばらく持続します。記憶があるというのであれば、個の意識はあるのかもしれません。ではその場合、2つに割ったらどうなるのか。これにも興味深い実験があります。

条件反射を覚えたのは中枢神経がある頭部だと普通は考えるのですが、頭部だけでなく、尾部の方にもなんらかの記憶が残っている（尾部から再生されたプラナリアでは学習時間が短くなる）そうです（Ref.83）。とすると、2つに切られたプラナリアは記憶も2つに分けられていることになります。その場合、自己の意識はどうなるのでしょうか。不思議でなりません。一体何が個の単位なのだろうと思ってしまいます。

私たちほ乳類はこのようにはまいりません。体の一部を切り離して、それを育てたらもう一人の人間ができるということにはなりません。

しかし発生をさかのぼって考えてみましょう。私たちは受精卵から始まりました。だから、受精卵から個が存在していたと考えてもよいと思います。受精卵が分裂して2細胞期になったときに2つに分かれると、どちらも発生して個体になります。一卵性双生児です。プラナリアのように体を半分にしたわけではないのですが、2細胞期の細胞を分割してしまえば2人になり得るのです。ただし4細胞期になってしまうと、4つに分けても個体にはなりません。発生は止まってしまいます。

受精卵からさらにさかのぼると、卵子の細胞や精子の細胞になります。卵子や精子の細胞は減数分裂して染色体の数が半数になっていますが、もとの細胞である卵原細胞、精原細胞までさかのぼると、それぞれの細胞が分裂して受精卵のもと（卵子や精子）になります。個体として生まれても、生殖細胞は分化した体細胞とは別に維持されていて、個体が性成熟すると交配して精子と卵子から受精卵を作ります。

素っ気なくいえば、私たちは生殖細胞を綿々とつないでいるに過ぎません。私たちの体は生殖細胞を維持して、交配するための装置と考えることもできます。

生殖細胞のレベルで捉えると、卵子や精子のもとになる細胞は分裂して増えていってそれぞれが個体のもとになっています。子孫ができていく限り生殖細胞の連続性は途切れることはありません。

あれこれ考えると、個というもの自体、結構曖昧なものであることに気がつきます。

超個体という考え方

私たちの体の中には病気を引き起こすことなく感染（不顕性感染）しているウイルスがいます。最近の研究では、健常なヒトの体内において、少なくとも39種類のウイルスが常在的に感染していることも報告されています（Ref.84）。ただし、それだけの種類のウイルスが同時に感染しているわけではありません。健康な547人の体内を調べてみたら、これだけの種類のウイルスが検出されたということです。その中には、単純ヘルペスウイルスやEBウイルスなどのヘルペスウイルス、さらには季節性の風邪を起こすとされるヒトコロナウイルスもありました。どんなに健康な人でも、少なくとも数種類は持続的にウイルスに感染しているのです。もちろん、ウイルスだけではありません。腸内には約1000種類、100兆個もの細菌がいるといわれています（Ref.85）。

人体は、数多くの生命体から成る1つの大きな複合体と言ってよいでしょう。体の中では、数多くの生き物が関係性をもって、いろいろなやりとりをしています。実際、腸内細菌は人体の免疫システムと深く連携しています。

また、本書でここまで説明してきたように、ウイルスは個体間の遺伝情報のやりとりをしています。細菌も同じような役割を担っています。体の中と外で、生命のネットワークが何重にも重なるように相互に関係し合っているのです。

人体を「超個体」と表現する研究者もいます。人体は、単体では維持できないからです。ヒトという種だけでヒトの体が維持されているわけでもありません。

このように考えると、自分は一体何者なのか、そして自己と非自己の境界は一体どこにあるのか、ますますわからなくなってきます。

生命が集まって一つの「生命の場」を作っている

私たち人間は一人では生きていけません。これは社会的な話でもありますが、生物学的にも人間は人間だけでは生きてはいけません。生命を維持するには動物も植物も微生物も無機物も必要です。そしてまた、生き物すべてが単独では生存し得ません。考えてみてください、人間だけが存在する地球はあり得ないのです。

単なる生態系や食物連鎖ではなく、地球規模の物質の循環があったり、ウイルスなどによるほかの生物との遺伝子のやりとりがあったりなど、多くの関わりの中で生物は生命を営んでいます。他者との関係性の中で私たちは生きているのです。

地球の環境において、いろいろな生物といろいろな無生物がつながっていて、みんなで「生命の場」を作っている。その中で、ウイルスは生物と生物の間をつなぐ役割を担っている。見えない細い横糸のように無数の生物たちを結びつけることで、生命の場をより厚みのあるものにしているのだと思います。ウイルスは、まさに生命の場の一部であり、生命の場を作り出す構成要素です。このウイルスがなくなれば現在の地球上の生命の場は壊れるのではないかと、私は思っています。

私たちもウイルスのような存在である

第1章に紹介したウイルスを作り出す実験を思い出してください。レトロウイルスのRNA配列をDNAに変換し、その配列のDNAを合成してプラスミドに入れる。それはあくまでも物質です。精製したDNAは結晶化されますし、DNAは遺伝子工学で切ったり貼ったりできます。その物質であるDNAを細胞に導入すると、mRNAに転写され、リボソームでウイルスのタンパク質が作られ、ウイルス粒子となりウイルスのゲノムRNAを取り込みます。そして、感染性のウイルス粒子として外に飛び出していきます。

DNAはあくまで物質なのですが、細胞という生命の場に放り込まれると、生き物のような振る舞いをするウイルス粒子が生じて、細胞間を渡り歩く存在となります。まるで「さまよえるオランダ人」で出てくる幽霊船のようです。

物質であるDNAを生命の場に放り込むことによって、ウイルスが生まれるのだとしたら、遺伝に関わる核酸が生命の本質と捉えることもできます。しかし、核酸でも個の概念があやふやです。

未受精卵から細胞の核を抜き出して、別の成体の体細胞の核を入れると、そこから一つの個体が発生します。この技術を応用したものが「クローン動物」です。ほ乳類ではヒツジで初めて成功した技術ですが（Ref.86）、現在ではさまざまなほ乳類（ウシ、ブタ、マウス、ネコ、イヌ、サルなど）でもこのクローン技術で発生させることができます（Ref.87, Ref.88）。ヒトで行われていないのは、倫理上の問題であって、技術的には今すぐにでも可能です。

このことから、私たちの設計図は核の中のＤＮＡにすべて書かれていると考えてよいでしょう。ＤＮＡが私たちの本質だとしても、そのＤＮＡ自体はさまざまな生き物の設計図で占められているのです。私たちのＤＮＡは９％以上がレトロウイルスの配列で占められています。もともとの遺伝子の配列はわずか１・５％に過ぎません。割合では本来の遺伝子よりもはるかに多い配列がレトロウイルス由来の情報で占められているのです。

この世界ではウイルスを介して遺伝子が飛び交うように動いています。網をかけたかのように、この生命の場を覆っています。遺伝子レベルでも、私たちはウイルスを介してつながっているのです。

地球上で人間は偉そうにしていますが、所詮私たちも、ウイルスのようなものです。私には、ウイルスと人間に本質的な違いはないように見えます。ウイルスは細胞という生命の場がないと、作られることも存続することもできません。私たちもウイルスと似たような儚《はかな》い存在です。

地球が大きな生命体だとしたら、そこに存在して初めて私たちも「個」として存在します。そしてその個の集まりが生命体を作っているのです。もし生命の場や関係性がなくなれば、生物はすべて物質になるのだと思います。

私たちは星の子である

私たちの体はさまざまな物質から成り立っています。赤血球に含まれるヘム鉄は酸素と結合して酸素を体中の細胞に運んでいます。鉄はＤＮＡの合成にも必須であり進化にも重要な役割を担ってきました。地球の重量のおよそ30％を占めている鉄はいつどのようにしてできたのでしょうか。

宇宙の始まりであるビッグバン（約１４０億年前）の時点では鉄などの重元素はまだ存在していませんでした。最初の宇宙は軽い元素だけでできていたのです。その後誕生した恒星の内部で核融合により重い元素ができ、超新星爆発で広く宇宙空間に広がりました（Ref.89）。

そして、それらは次の世代の恒星とその周りを回る惑星に取り込まれることになります。私たちの体を構成する元素は過去の宇宙の恒星の中で生まれたのです。私たちは星の子ともいえる存在なのです。現在の太陽は最初の宇宙の恒星の孫に当たる第三世代と考えられています。その太陽の周りに物質が集まってできたのが地球で、そこに星の子である私たちが生まれたのです。

生命が生まれたのは必然か偶然か

生物にとって重要なのは、遺伝情報をもつ物質と生命の場です。生き物たちが作り上げている生命の場に、ＤＮＡあるいはＲＮＡという物質を入れると生命体として振る舞い始める、というのが私の考えです。

では、「生命の場」を作り出している根源は何なのでしょう。物質がもともともっている性質で生命の場が作り出されるのでしょうか。これは私にはわかりませんし、これから人類が存在する限り永遠に問い続ける命題だと思います。ただ、私は宇宙で生命体が存在するのは必然であって偶然ではないと考えています。

地球上にいる生物は、地球という生命の場がなければ存在し得ない。もっと簡単にいうと、地球自体が一つの生命体である。この生命観を広げてもよいならば、生物と地球と宇宙との関わりも考えなくてはいけないのではないかと思えてきます。

私は、生命の「種」は宇宙ができて数十億年後にできたのではないかと思っています。それが鉄のような重元素とともに宇宙全体に広まっているのではないでしょうか。現在の科学では、DNAやRNAは地球で生成されたと考えられていますが、生命のシステムは宇宙からやって来たかもしれない、と私は真剣に考えています。

地球には生命体がたくさんいます。ウイルス程度の大きさだと、空気中に漂い続けています。海の中にもウイルスはたくさんいて、波しぶきとともに舞い上がれば、その中にいたウイルスが風にのって空高く上昇していきます。上昇気流に乗れば、成層圏にまで到達するはずです。

実際に、高層大気にも細菌やウイルスがいることは確かめられています（Ref.90）。かつて、その天体物理学の専門家に「ウイルスが宇宙に漏れ出すことはないのでしょうか？」と尋ねたところ、「粒子の大きさから考えると漏れ出ているでしょう」という回答をいただきました。海水は6億年後にはなくなりますが、その殆《ほとん》どが地球の内部に吸い込まれていきます（Ref.91）。しかし、一部は宇宙空間にも漏れています。また大きな隕石が衝突すれば、地球上の物質は大量に宇宙空間に漏れていきます。この中には生命体も含まれるはずです。ただし、宇宙線を浴びればＤＮＡは壊れるでしょう。しかし、蚕《かいこ》などの昆虫を宿主とするバキュロウイルスなどは、とても丈夫なタンパク質に覆われている多角体を形成し、その内部に存在するウイルスＤＮＡを強固に守っています（Ref.92）。もしかしたら、多角体のような構造物に守られていれば、ウイルスのＤＮＡも宇宙空間を本来の構造を保ったまま漂うことができるかもしれません。

地球は46億年前に誕生しました。その地球に生命が誕生したのは40億〜38億年前といわれています。現存の生き物は、すべて４つの塩基からなるＤＮＡをもち、そのＤＮＡに基づいて同じ20種類のアミノ酸を使ってタンパク質をつくる仕組みをもっています。今いる地球上の生き物には、１つの共通する祖先生物がいたはずで、その生き物から種分化を繰り返してきたと考えられています。

では、地球上の最初の生き物はどうやって複製の仕組みを手に入れ、あの複雑なセントラル・ドグマのメカニズムを構築したのでしょうか。このあたりのことはまだよくわかっていません。ＤＮＡ（あるいはＲＮＡ）で遺伝子を受け継ぐ仕組みは、本当に地球上だけで作り上げられたものなのでしょうか。それとも、他の惑星で作られて、それが宇宙に飛び出して、宇宙空間を漂って地球に降り注いだのでしょうか。その答えはなかなか出ないと思いますが、とても興味深い問題です。

つい、宇宙空間に漂っている生命の種が地球に単独で、あるいは隕石とともにやってきて共通の祖先をつくったのではないかと想像してしまいます。この考えは、いわゆる「パンスペルミア説」と呼ばれるものです（Ref.93）。生命の起源を宇宙に求める考え方です。

条件が揃った地球型の惑星に、生命の種となる物質がやってくれば、生物は出現するのかもしれません。もしかしたら、現在の地球もウイルスのような粒子を通して、他の星とつながっているのかもしれません。宇宙には、過去に存在した地球のような惑星から飛び出た生命の粒子が漂っていて、地球からも飛び出て生命の源として宇宙を旅していく……。そんなことを思い描くとワクワクした気持ちがとまらなくなってきます。

諸行無常

私はよく学生に「私たちは庭に置いた金魚鉢の中の金魚のようなものだ」と言っています。飼い主が餌をあげなければ、金魚はやがて餓死してしまいます。金魚鉢を日当たりに放置していると、夏の暑さで金魚は死んでしまいます。地球は生き物の惑星ですが、少し太陽が機嫌を損ねたり、大きな火山が爆発するだけで、寒冷化して氷河期が来てしまいます。大きな太陽の爆発があれば、生命を紫外線から守るオゾン層も吹き飛び、地球上の生命にも影響を与えます。宇宙から隕石がやってくれば、６５５０万年前と同じように大量絶滅が起こるのです。

CO_2は最近は増えていますが、長い地球の歴史からみると、大幅に少なくなってしまっています（Ref.94）。今は生物にとってぎりぎりに近い状態になっています。生物がとても栄えていた中生代（恐竜が繁栄した時期）のCO_2濃度は今の５～６倍程度あったと考えられています。当時栄えた生物は地中に埋まってしまって、石炭や石油になりました。いわばCO_2（生物の炭素源）が地中に閉じ込められている状態なのです。それほど遠くない将来に人類も絶滅するでしょうが、人類がいなくなってCO_2を排出しなくなれば、再び地球上のCO_2は不足して、大きな動植物は育たなくなってしまうでしょう。

地球もやがては水がなくなり、海も消失します（Ref.91）。雨も降らず、地中のわずかな水分で生きることのできるごく小さな生命体だけの惑星になるでしょう。さらに、時が経ちおよそ50億年後には、地球は巨大化した太陽（赤色巨星）に飲み込まれてその生涯を終えます。その太陽もやがては、超新星爆発を起こして消滅します。

しかし、宇宙空間に漂う星のもとになる物質（チリ）は、再び集まって星を作り出します。星も生まれては死ぬを繰り返しています。地球や太陽とても諸行無常から逃れることはできず、生々流転《せいせいるてん》しているのです。そのように考えると、この地球ですらも宇宙空間に漂うウイルスのような儚い存在であるのです。

諸法無我

原っぱを眺めていると思うことがあります。夏に原っぱを見て、翌年の夏にまた同じ場所に立ったとき、私たちは原っぱの営みが連続しているように見えます。去年と変わらないと。しかし、去年の原っぱと今年の原っぱは異なります。一年草は、昨年の原っぱの構成要素であったものはすべて死んで、種からの再出発になっています。春になってまた芽が出て昨年と同じような原っぱに見えますが、その原っぱの構成要素はたとえ種が同じであっても、細かく見れば入れ替わっています。

私たちも、原っぱという場では一つの草花と同じようなものだと思います。人間も全体で一つであると考えれば、私たち個人は単にその構成要素に過ぎません。一人の最初の人類から今まで連綿と受け継がれてきた種は、その数を増し社会生活を営むようになり文明を生み、ここまでの繁栄に至りました。まさに広大な草原です。

　生物において存在し続けるということは、再生を繰り返すことです。個体としては死んでいくけれど、生殖細胞は綿々と受け継がれていく。だから、私たちはずっと前から存在していて、生まれもしないし死にもしないのかもしれません。

　私は歳を取るにつれて、個の意識がどんどん薄れてきています。人間は全体で一つであって、自分は単なる一時的な構成要素であるという感覚なのです。生まれて存在していると考えればそうなのですが、そもそも個なんて確たるものはないではないか。そう考えると、今の世の中が、個を重視し過ぎていて、全体をあまりにも考えていないのではないかと思ってしまいます。人は我欲、煩悩まみれなのですが、その原因は強すぎる個の意識なのではないか。個であることにこだわりすぎていて、我欲をもつことでかえって生きづらくなっているのではないか。さらには人類全体の存続が危機に陥っているのではないか。

　体の中の細胞も不可思議なメカニズムによって全体を察知して、自動的に調和して一つの個体を形作っています。もしも、ある細胞が自己を強烈に主張したとしたらどうなるでしょうか。おそらくコントロールが利かなくなり、結局個体も死んでしまうのではないでしょうか。一つの細胞ですら、全体が調和するように体の中に存在しているのです。人間もそれぞれが個の意識をもって個性を発揮したとしても、常に全体の調和と繁栄を考えて生きるべきではないでしょうか。

なにやらウイルス学、生物学、進化学を追究しているうちに仏教の考えに近くなってしまいました。仏教の考えの基本に三法印《さんぼういん》があります。それは、諸行無常、諸法無我、涅槃寂《ねはんじゃく》静《じょう》です。そのうち、諸法無我は、この世に存在するあらゆる事物は因縁によって生じるものであり、不変の実体である我は存在しないという考え方だそうです。私が研究の過程で行き着いた考えが仏教の教えに似ているのは、不思議なことです。日本に生まれついて、日本で生活していたので、そのような考えに自然に行き着いたのでしょうか。

本書で披露した生命観は、現在の私の考えです。私には正しいとも間違っているともわかりません。ウイルスを35年間研究してきた一人の研究者の随想ともいえましょう。ウイルス研究を通して「お前たちも僕たちと同じなんだよ」とウイルスが教えてくれたように感じます。

今後、人類が生命の真の姿を知れば、きっと人類は、調和と平和を求める、精神的により完成された生命体になるのだと信じています。その日が来ることを夢見て、私はここに筆を擱《お》きたいと思います。

あとがき

2019年に始まった新型コロナウイルスの流行は、ウイルスによる人的な被害もさることながら、大きな社会的ひずみを顕在化させました。特に日本における混乱は、複雑な要素が絡み合って起こった現象でした。高齢化の進む日本で目《ま》の当たりにした人々の死生観の違い、過度なコンプライアンス、少しでもミスを犯したら非難される風潮なども大きな問題だったと思います。

PHP新書では私は3冊の本を書かせていただきました。1冊目は『京大 おどろきのウイルス学講義』、2冊目は『ウイルス学者の責任』でした。3冊目の本書は『なぜ私たちは存在するのか：ウイルスがつなぐ生物の世界』です。ここに1冊目と2冊目の私の意図を告白したいと思います。

新型コロナウイルスが発生して、日本に侵入したとき、私はいち早く、このウイルスは人と共存するウイルスであると見抜きました。本書第3章で述べたように、ウイルスというものはそうは簡単に排除できません。コロナウイルスや呼吸器系ウイルスの性質上、新型コロナウイルスも人と共存の道を歩むことは明らかでした。しかしながら、新型コロナウイルスをこの世から（人間社会から）完全に排除したいと思う人がほとんどでした。

私が流行初期に、新型コロナウイルスは一生のうちに少なくとも一度か二度はかかるだろうと講演会で話したところ、多くの人から驚かれ、また強い反発を受けました。今では、新型コロナウイルスと共存するのは仕方がないことだと思う人も増えてきましたが、それでもなお、感染することを極度に恐れている人はいます。ウイルスの真の姿を知り、社会としては新型コロナウイルスを受け入れる必要があります。私は、ウイルスは基本的に生物と共存するものだということを本の形で人々に知らせることが、遠回りのようであっても近道なのではないかと考えたのです。

そこで、私の1冊目の単著『京大　おどろきのウイルス学講義』では、恐ろしいウイルスの他に役に立っているウイルスがあること、さらにはウイルスが生物の進化にも役に立ってきたことを書きました。

2冊目の『ウイルス学者の責任』では、私がウイルス学者としてこれまで戦ってきたことについて書きました。私はそのようなことを書かずに、ひっそりと人生を終えたかったのですが、人々が今回のコロナ禍を理解するには、本当に戦うべき相手の本質も知ってもらいたかったのです。それをストレートに書くことは、たとえ出版物であっても難しいことです。『ウイルス学者の責任』では、私の戦いの歴史を知っていただくことで、世の中がどのように動いているかを伝えたつもりです。私は私の責務を果たしたに過ぎませんが、この社会には平和秩序を維持するために、人知れず壮絶な戦いをしていらっしゃる人がおられます。そうした方々のうちの多くは、他人に知られることなく、賞賛もされずにこの世を去っていくのですが、そういう人たちがいるから、この平和な社会が守られているのだと思います。

PHP研究所から3冊目の本の執筆のお声がけをいただいたとき、まっさきに思いついたのが、私の生命観をまとめることでした。とはいうものの、書き始めてみれば、半生を振り返りながら新たに気付くこともあり、自分の思考と向き合うよい機会にもなりました。本書では、「生命には場が必要であり、実は全体で一つ」「ウイルスが生命をつないでいて、生命の場を提供している」「個という概念をもつことは生物学的に正しいのか」などを述べました。

先の2冊のように、本書にもある執筆意図が込められているのですが、あえてここでは書きません。この本を読んで、その後にどう考えるかは皆さんの自由です。いつか私に会ったら、本書の感想とともに、何を感じたのかを教えていただけたら幸いです。

私は今58歳で、本書は今の私の生命観です。もし、機会がいただけたら、10年後にでも、私が考える生命観を再度書けたら嬉しいです。そのときは、今とはまったく別の生命観になっているのかもしれません。これからさらなる発見があって変わっていくのだとしたら、それもまた楽しみなことです。

私もまだ答えが見つからずモヤモヤとしています。一生モヤモヤしたままなのかもしれません。今後も生きている限り、生と死について、疲れない程度に考えて、皆さんと一緒によい人生を送れればと思います。

from adult tail-tip cells. Nat. *Genet.* 22(2): 127-128.（クローンマウスの作出の成功）

88. Onishi A, Iwamoto M, Akita T, Mikawa S, Takeda K, Awata T, Hanada H, Perry AC. (2000). Pig cloning by microinjection of fetal fibroblast nuclei. *Science* 289(5482): 1188-1190.（クローンブタの作出の成功）
89. Aurora Simionescu, Norbert Werner, 満田和久 (2014). 鉄はどこから来たのか?：X線天文衛星「すざく」が明らかにした鉄大拡散時代(最近の研究から) 日本物理学会誌 69(10): 707-711.（宇宙での鉄の生成）
90. Reche I, D'Orta G, Mladenov N, Winget DM, Suttle CA. (2018). Deposition rates of viruses and bacteria above the atmospheric boundary layer. *ISME J.* 12(4): 1154-1162.（成層圏に存在するウイルスと細菌）
91. Hatakeyama K, Katayama I, Hirauchi K, Michibayashi K. (2017). Mantle hydration along outer-rise faults inferred from serpentinite permeability. *Sci. Rep.* 7(1): 13870.（地球の水が消失するメカニズム）
92. Anduleit K, Sutton G, Diprose JM, Mertens PPC, Grimes JM, Stuart DI. (2005). Crystal lattice as biological phenotype for insect viruses. *Protein Sci.* 14(10): 2741-2743.（昆虫ウイルスのポリヘドリンの構造解析）
93. Mitton S. (2022). A Short History of panspermia from antiquity through the mid-1970s. *Astrobiology* 22(12): 1379-1391.（パンスペルミア説の総説）
94. 平朝彦, 阿部豊, 川上紳一, 清川昌一, 有馬眞, 田近英一, 箕浦幸治『地球進化論』岩波講座 地球惑星科学 13（地球での大気組成の変動）

参考文献は228ページから始まります。

erational retrotransposition in plants subjected to stress. *Nature* 472(7341): 115-119.（植物におけるLTR型レトロトランスポゾン〔ONSEN〕とsiRNA）
79. Miousse IR, Chalbot MC, Lumen A, Ferguson A, Kavouras IG, Koturbash I. (2015). Response of transposable elements to environmental stressors. *Mutat. Res. Rev. Mutat. Res.* 765: 19-39.（宇宙線によりレトロトランスポゾンが活性化する）
80. Shoji M, Tanaka T, Hosokawa M, Reuter M, Stark A, Kato Y, Kondoh G, Okawa K, Chujo T, Suzuki T, Hata K, Martin SL, Noce T, Kuramochi-Miyagawa S, Nakano T, Sasaki H, Pillai RS, Nakatsuji N, Chuma S. (2009). The TDRD9-MIWI2 complex is essential for piRNA-mediated retrotransposon silencing in the mouse male germline. *Dev. Cell* 17(6): 775-787.（レトロトランスポゾンの活性化により精巣が萎縮する）
81. Bolisetty M, Blomberg J, Benachenhou F, Sperber G, Beemon K. (2012). Unexpected diversity and expression of avian endogenous retroviruses. *mBio* 3(5): e00344-12.（鳥類の内在性レトロウイルスの探索）
82. Carré-Eusèbe D, Coudouel N, Magre S. (2009). OVEX1, a novel chicken endogenous retrovirus with sex-specific and left-right asymmetrical expression in gonads. *Retrovirology* 6: 59.（ニワトリの内在性レトロウイルス〔OVEX〕の発見）

第９章　場と生命、そして宇宙

83. Shomrat T, Levin M. (2013). An automated training paradigm reveals long-term memory in planarians and its persistence through head regeneration. *J. Exp. Biol.* 216(Pt 20): 3799-3810.（プラナリアの記憶）
84. Kumata R, Ito J, Takahashi K, Suzuki T, Sato K. (2020). A tissue level atlas of the healthy human virome. *BMC Biol.* 18(1): 55.（ヒトに常在するウイルスの網羅的探索）
85. 安藤朗 (2015). 腸内細菌の種類と定着：その隠された臓器としての機能 日本内科学会雑誌 104(1): 29-34（共生細菌の数）
86. Wilmut I, Schnieke AE, McWhir J, Kind AJ, Campbell KH. (1997). Viable offspring derived from fetal and adult mammalian cells. *Nature* 385(6619): 810-813.（クローン動物〔ヒツジ〕作出の初の成功）
87. Wakayama T, Yanagimachi R. (1999). Cloning of male mice

diversity, transmissibility, and disease associations. *Retrovirology* 17(1): 34.（コアラレトロウイルスと病気との関連）
72. Polkinghorne A, Hanger J, Timms P. (2013). Recent advances in understanding the biology, epidemiology and control of chlamydial infections in koalas. *Vet. Microbiol.* 165(3-4): 214-223.（コアラにおけるクラミジア感染症）
73. Simmons GS, Young PR, Hanger JJ, Jones K, Clarke D, McKee JJ, Meers J. (2012). Prevalence of koala retrovirus in geographically diverse populations in Australia. *Aust. Vet. J.* 90(10):404-409.（カンガルー島のコアラレトロウイルスの感染状況）
74. Xu W, Stadler CK, Gorman K, Jensen N, Kim D, Zheng H, Tang S, Switzer WM, Pye GW, Eiden MV. (2013). An exogenous retrovirus isolated from koalas with malignant neoplasias in a US zoo. *Proc. Natl. Acad. Sci. U.S.A.* 110(28): 11547-11552.（サンディエゴ動物園から分離されたコアラレトロウイルスの多様性）
75. Shojima T, Yoshikawa R, Hoshino S, Shimode S, Nakagawa S, Ohata T, Nakaoka R, Miyazawa T. (2013). Identification of a novel subgroup of koala retrovirus from koalas in Japanese zoos. *J. Virol.* 87(17): 9943-9948.（日本の動物園から分離されたコアラレトロウイルスの多様性）
76. Simmons G, Clarke D, McKee J, Young P, Meers J. (2014). Discovery of a novel retrovirus sequence in an Australian native rodent *(Melomys burtoni)*: a putative link between gibbon ape leukemia virus and koala retrovirus. *PLoS One* 9(9): e106954.（コアラレトロウイルスの起源の探索）
77. Benveniste RE, Callahan R, Sherr CJ, Chapman V, Todaro GJ. (1977). Two distinct endogenous type C viruses isolated from the asian rodent Mus cervicolor: conservation of virogene sequences in related rodent species. *J. Virol.* 21(3): 849-862.（ギボン白血病ウイルスとマウス内在性レトロウイルスの遺伝的類似性）

第８章　なぜ小さな恐竜も絶滅したのか？

78. Ito H, Gaubert H, Bucher E, Mirouze M, Vaillant I, Paszkowski J. (2011). An siRNA pathway prevents transgen-

cell lines. *Biologicals* 39(1): 33-37.（イヌワクチンに感染性のRD-114ウイルスが混入している）
63. Yoshikawa R, Sato E, Miyazawa T. (2012). Presence of infectious RD-114 virus in a proportion of canine parvovirus isolates. *J. Vet. Med. Sci.* 74(3): 347-350.（ワクチン会社が保有するイヌパルボウイルスのストックにRD-114ウイルスが混入している）
64. 吉川禄助、下島昌幸、前田健、宮沢孝幸 (2010). RD-114ウイルスのイヌへの感染性 第150回日本獣医学会 講演要旨集 p270.（RD-114ウイルスはイヌに感染する）
65. van der Kuyl AC, Dekker JT, Goudsmit J. (1999). Discovery of a new endogenous type C retrovirus (FcEV) in cats: evidence for RD-114 being an $FcEV^{Gag-Pol}$/baboon endogenous virus $BaEV^{Env}$ recombinant. *J. Virol.* 73(10): 7994-8002.（RD-114ウイルスはガンマレトロウイルスとベータレトロウイルスの組換えウイルスである）
66. Shimode S, Nakagawa S, Miyazawa T. (2015). Multiple invasions of an infectious retrovirus in cat genomes. *Sci. Rep.* 5: 8164.（RD-114ウイルスは何度もネコのゲノムに侵入した）
67. Shimode S, Sakuma T, Yamamoto T, Miyazawa T. (2022). Establishment of CRFK cells for vaccine production by inactivating endogenous retrovirus with TALEN technology. *Sci. Rep.* 12(1): 6641.（ネコ腎由来株化細胞〔CRFK細胞〕から感染性RD-114ウイルスの元になる配列をノックアウトした）
68. Martin J, Herniou E, Cook J, O'Neill RW, Tristem M. (1999). Interclass transmission and phyletic host tracking in murine leukemia virus-related retroviruses. *J. Virol.* 73(3): 2442-2449.（コアラレトロウイルスとギボン白血病ウイルスの遺伝的類似性）
69. Hanger JJ, Bromham LD, McKee J, O'Brien TM, Robinson WF. (2000). The nucleotide sequence of koala (Phascolarctos cinereus) retrovirus: a novel type C endogenous virus related to Gibbon ape leukemia virus. *J. Virol.* 74(9): 4264-4272.（コアラレトロウイルス全長の遺伝子クローニング）
70. Tarlinton RE, Meers J, Young PR. (2006). Retroviral invasion of the koala genome. *Nature* 442(7098): 79-81.（コアラにおけるレトロウイルスの内在化）
71. Zheng H, Pan Y, Tang S, Pye GW, Stadler CK, Vogelnest L, Herrin KV, Rideout BA, Switzer WM. (2020). Koala retrovirus

surviving through stealth and service. *Genome Biol.* 17: 100.（転移因子の活性を抑えるメカニズム）

54. Gimenez J, Montgiraud C, Oriol G, Pichon JP, Ruel K, Tsatsaris V, Gerbaud P, Frendo JL, Evain-Brion D, Mallet F. (2009). Comparative methylation of ERVWE1/syncytin-1 and other human endogenous retrovirus LTRs in placenta tissues. *DNA Res. 16*(4): 195-211.（胎盤ではエピジェネティックによるレトロエレメントの抑制制御が緩んでいる）
55. Gifford R, Tristem M. (2003). The evolution, distribution and diversity of endogenous retroviruses. *Virus Genes* 26(3): 291-315.（レトロウイルスの生活環：レトロウイルスの内在化の過程）
56. McAllister RM, Nicolson M, Gardner MB, Rongey RW, Rasheed S, Sarma PS, Huebner RJ, Hatanaka M, Oroszlan S, Gilden RV, Kabigting A, Vernon L. (1972). C-type virus released from cultured human rhabdomyosarcoma cells. *Nat. New Biol.* 235(53): 3-6.（ヒト横紋筋肉腫から初めてヒトレトロウイルスが発見された〔後に誤報であることが判明〕）
57. Gillespie D, Gillespie S, Gallo RC, East JL, Dmochowski L. (1973). Genetic origin of RD114 and other RNA tumour viruses assayed by molecular hybridization. *Nat. New Biol.* 244(132): 51-54.（ヒト横紋筋肉腫から分離されたRD-114ウイルスはネコの内在性レトロウイルスであった）
58. 宮沢孝幸、下出紗弓、中川草 (2016). RD-114物語：ネコの移動の歴史を探るレトロウイルス ウイルス 66(1): 21-30.
59. Weiss RA. (2006). The discovery of endogenous retroviruses. *Retrovirology* 3: 67.（内在性レトロウイルスの発見の歴史）
60. Okada M, Yoshikawa R, Shojima T, Baba K, Miyazawa T. (2011). Susceptibility and production of a feline endogenous retrovirus (RD-114 virus) in various feline cell lines. *Virus Res.* 155(1): 268-273.（RD-114ウイルスはネコの細胞にも感染する）
61. Miyazawa T, Yoshikawa R, Golder M, Okada M, Stewart H, Palmarini M. (2010). Isolation of an infectious endogenous retrovirus in a proportion of live attenuated vaccines for pets. *J. Virol.* 84(7): 3690-3694.（ネコのワクチンに感染性のRD-114ウイルスが混入している）
62. Yoshikawa R, Sato E, Miyazawa T. (2011). Contamination of infectious RD-114 virus in vaccines produced using non-feline

45. International Human Genome Sequencing Consortium. (2001). Initial sequencing and analysis of the human genome. *Nature* 409(6822): 860-921.（ヒト全ゲノムの解読）
46. Mouse Genome Sequencing Consortium. (2002). Initial sequencing and comparative analysis of the mouse genome. *Nature* 420(6915): 520-562.（マウス全ゲノムの解読）
47. http://genomesync.nig.ac.jp/statistics/?cn=40674&q=40674&tree_depth=1&show=genome&show=species&show=genus&show=-family&show=order（ゲノムにおけるリピート配列の割合〔最新データ〕）
48. Piskurek O, Okada N. (2007). Poxviruses as possible vectors for horizontal transfer of retroposons from reptiles to mammals. *Proc. Natl. Acad. Sci. U.S.A.* 104(29): 12046-12051.（SINEを取り込んだポックスウイルスの発見）
49. Inoue Y, Saga T, Aikawa T, Kumagai M, Shimada A, Kawaguchi Y, Naruse K, Morishita S, Koga A, Takeda H. (2017). Complete fusion of a transposon and herpesvirus created the Teratorn mobile element in medaka fish. *Nat. Commun.* 8(1): 551.（巨大トランスポゾンの発見）
50. Kitagawa Y, Tani H, Limn CK, Matsunaga TM, Moriishi K, Matsuura Y. (2005). Ligand-directed gene targeting to mammalian cells by pseudotype baculoviruses. *J. Virol.* 79(6): 3639-3652.（リガンド特異的バキュロウイルスシュードタイプの発見）
51. Horie M, Honda T, Suzuki Y, Kobayashi Y, Daito T, Oshida T, Ikuta K, Jern P, Gojobori T, Coffin JM, Tomonaga K. (2010). Endogenous non-retroviral RNA virus elements in mammalian genomes. *Nature* 463(7277): 84-87.（内在性ボルナウイルスの発見）
52. Zhang L, Richards A, Barrasa MI, Hughes SH, Young RA, Jaenisch R. (2021). Reverse-transcribed SARS-CoV-2 RNA can integrate into the genome of cultured human cells and can be expressed in patient-derived tissues. *Proc. Natl. Acad. Sci. U.S.A.* 118(21): e2105968118.（新型コロナウイルス〔SARS-CoV-2〕は感染細胞でDNAに変換される）

第７章　現代のコアラはタイムマシーンか

53. Gerdes P, Richardson SR, Mager DL, Faulkner GJ. (2016). Transposable elements in the mammalian embryo: pioneers

性レトロウイルスの関与：バトンパス仮説の提唱）
37. Nakaya Y, Koshi K, Nakagawa S, Hashizume K, Miyazawa T. (2013). Fematrin-1 is involved in fetomaternal cell-to-cell fusion in Bovinae placenta and has contributed to diversity of ruminant placentation. *J. Virol.* 87(19): 10563-10572.（ウシ内在性レトロウイルス〔BERV-K1〕のエンベロープタンパク質〔Fematrin-1〕は胎盤形成に関与している）
38. Shoji H, Kitao K, Miyazawa T, Nakagawa S. (2023). Potentially reduced fusogenicity of syncytin-2 in New World monkeys. *FEBS Open Bio.* (in press)（新世界ザルのシンシチン2の細胞融合能の解析）
39. Esnault C, Cornelis G, Heidmann O, Heidmann T. (2013). Differential evolutionary fate of an ancestral primate endogenous retrovirus envelope gene, the EnvV syncytin, captured for a function in placentation. *PLoS Genet.* 9(3): e1003400.（シンシチンEnvV〔シンシチン3〕は胎盤形成に関与している）

第6章　遺伝子の平行移動（ラテラル・ジーン・トランスファー）

40. Ishino Y, Shinagawa H, Makino K, Amemura M, Nakata A. (1987). Nucleotide sequence of the iap gene, responsible for alkaline phosphatase isozyme conversion in *Escherichia coli*, and identification of the gene product. *J. Bacteriol.* 169(12): 5429-5433.（CRISPER配列の発見）
41. 加藤宣之,加藤美枝子 (1988). ヒト内在性レトロウイルス遺伝子の構造と発現. 蛋白質 核酸 酵素 33: 2357-2370.
42. Blair DG, Oskarsson M, Wood TG, McClements WL, Fischinger PJ, Vande Woude GG. (1981). Activation of the transforming potential of a normal cell sequence: a molecular model for oncogenesis. *Science* 212(4497): 941-943.（マウス肉腫がもっている*v-mos*遺伝子）
43. Huebner RJ, Todaro GJ. (1969). Oncogenes of RNA tumor viruses as determinants of cancer. *Proc. Natl. Acad. Sci. U. S.A.* 64(3): 1087-1094.（がん遺伝子仮説の提唱）
44. Terry A, Fulton R, Stewart M, Onions DE, Neil JC. (1992). Pathogenesis of feline leukemia virus T17: contrasting fates of helper, v-myc, and v-tcr proviruses in secondary tumors. *J. Virol.* 66(6): 3538-3549.（T細胞受容体をもった肉腫レトロウイルスの発見）

691-703.（ヒトゲノム中のSINEとLINEの割合の最新データ）
30. Nishihara H, Kobayashi N, Kimura-Yoshida C, Yan K, Bormuth O, Ding Q, Nakanishi A, Sasaki T, Hirakawa M, Sumiyama K, Furuta Y, Tarabykin V, Matsuo I, Okada N. (2016). Coordinately Co-opted multiple transposable elements constitute an enhancer for wnt5a expression in the mammalian secondary palate. *PLoS Genet.* 12(10): e1006380.（二次口蓋形成にSINEが関与する）
31. Iida A, Arai HN, Someya Y, Inokuchi M, Onuma TA, Yokoi H, Suzuki T, Hondo E, Sano K. (2019). Mother-to-embryo vitellogenin transport in a viviparous teleost Xenotoca eiseni. *Proc. Natl. Acad. Sci. U.S.A.* 116(44): 22359-22365.（ハイランドカープは胎内で稚魚に栄養を与えている）
32. Nishihara H. (2019). Retrotransposons spread potential cis-regulatory elements during mammary gland evolution. *Nucleic Acids Res.* 47(22): 11551-11562.（乳腺の進化にSINEが関与する）
33 Irie M, Yoshikawa M, Ono R, Iwafune H, Furuse T, Yamada I, Wakana S, Yamashita Y, Abe T, Ishino F, Kaneko-Ishino T. (2015). Cognitive function related to the Sirh11/Zcchc16 gene acquired from an LTR retrotransposon in eutherians. *PLoS Genet.* 11(9): e1005521.（PEG11〔Sirh11/Zcchc16〕は脳の発達に関与する）
34. Ono R, Nakamura K, Inoue K, Naruse M, Usami T, Wakisaka-Saito N, Hino T, Suzuki-Migishima R, Ogonuki N, Miki H, Kohda T, Ogura A, Yokoyama M, Kaneko-Ishino T, Ishino F. (2006). Deletion of Peg10, an imprinted gene acquired from a retrotransposon, causes early embryonic lethality. *Nat. Genet.* 38(1): 101-106.（PEG10は胎盤形成に必要である）
35. Shiura H, Ono R, Tachibana S, Kohda T, Kaneko-Ishino T, Ishino F. (2021). PEG10 viral aspartic protease domain is essential for the maintenance of fetal capillary structure in the mouse placenta. *Development* 148(19): dev199564.（胎盤でのPEG10の機能の詳細な解析）
36. Imakawa K, Nakagawa S, Miyazawa T. (2015). Baton pass hypothesis: successive incorporation of unconserved endogenous retroviral genes for placentation during mammalian evolution. *Genes Cells* 20(10): 771-788.（胎盤進化における内在

Environ. 35(1): ME19130.（ニホンザル由来フォーミーウイルスが産生するmiRNAの解析）
22. Katzourakis A, Gifford RJ, Tristem M, Gilbert MT, Pybus OG. (2009). Macroevolution of complex retroviruses. *Science* 325(5947): 1512.（内在性スプーマウイルス〔フォーミーウイルス〕と宿主の共進化）
23. Jacobs RM, Pollari FL, McNab WB, Jefferson B. (1995). A serological survey of bovine syncytial virus in Ontario: associations with bovine leukemia and immunodeficiency-like viruses, production records, and management practices. *Can. J. Vet.* Res. 59(4): 271-278.（ウシフォーミーウイルス感染と疾病との関連や生産性〔乳量など〕への影響）

第5章　レトロウイルスの起源と本来の役割

24. Hoyt SJ, Storer JM, Hartley GA, Grady PGS, Gershman A, de Lima LG, Limouse C, Halabian R, Wojenski L, Rodriguez M, Altemose N, Rhie A, Core LJ, Gerton JL, Makalowski W, Olson D, Rosen J, Smit AFA, Straight AF, Vollger MR, Wheeler TJ, Schatz MC, Eichler EE, Phillippy AM, Timp W, Miga KH, O'Neill RJ. (2022). From telomere to telomere: The transcriptional and epigenetic state of human repeat elements. *Science* 376(6588): eabk3112.（ヒトゲノムの最新データ）
25. 日経サイエンス編集部（2004）崩れるゲノムの常識 別冊日経サイエンス（生物の進化とDNA倍加）
26. McClintock B. (1950). The origin and behavior of mutable loci in maize. *Proc. Natl. Acad. Sci U.S.A.* 36(6): 344-355.（トウモロコシでのトランスポゾンの発見）
27. Iida A, Inagaki H, Suzuki M, Wakamatsu Y, Hori H, Koga A. (2004). The tyrosinase gene of the i(b) albino mutant of the medaka fish carries a transposable element insertion in the promoter region. *Pigment Cell Res.* 17(2): 158-164.（トランスポゾンによるメダカの形質変化）
28. 佐瀬英俊 (2018). 植物における遺伝子とトランスポゾンとの相互作用と環境への適応 領域融合レビュー, 7, e001（植物ゲノムでのLTR型レトロトランスポゾンの割合）
29. Cordaux R, Batzer MA. (2009). The impact of retrotransposons on human genome evolution. *Nat. Rev. Genet.* 10(10):

py? *Cancer Gene Ther.* 15(6): 341-355.（がん抑制に働くmiRNA）
14. Negrini M, Ferracin M, Sabbioni S, Croce CM. (2007). MicroRNAs in human cancer: from research to therapy. *J. Cell Sci.* 120(Pt 11): 1833-1840.（がんの発生や転移に働くmiRNA）
15. Holder B, Jones T, Sancho Shimizu V, Rice TF, Donaldson B, Bouqueau M, Forbes K, Kampmann B. (2016). Macrophage exosomes induce placental inflammatory cytokines: a novel mode of maternal-placental messaging. *Traffic* 17(2): 168-178.（胎盤に影響を与える母胎由来のエクソソーム）
16. Willett BJ, Hosie MJ, Jarrett O, Neil JC. (1994). Identification of a putative cellular receptor for feline immunodeficiency virus as the feline homologue of CD9. *Immunology* 81(2): 228-233.（ネコ免疫不全ウイルスがCD9分子である可能性）
17. Miyado K, Yamada G, Yamada S, Hasuwa H, Nakamura Y, Ryu F, Suzuki K, Kosai K, Inoue K, Ogura A, Okabe M, Mekada E. (2000). Requirement of CD9 on the egg plasma membrane for fertilization. *Science* 287(5451): 321-324.（受精に関与するCD9分子）
18. Sato K, Aoki J, Misawa N, Daikoku E, Sano K, Tanaka Y, Koyanagi Y. (2008). Modulation of human immunodeficiency virus type 1 infectivity through incorporation of tetraspanin proteins. *J. Virol.* 82(2): 1021-1033.（テトラスパニンはヒト免疫不全ウイルスに取り込まれて感染性に影響を与える）
19. Nolte-'t Hoen E, Cremer T, Gallo RC, Margolis LB. (2016). Extracellular vesicles and viruses: Are they close relatives? *Proc. Natl. Acad. Sci. U.S.A.* 113(33): 9155-9161.（エクソソームとレトロウイルスの類似性）
20. Hussain AI, Shanmugam V, Bhullar VB, Beer BE, Vallet D, Gautier-Hion A, Wolfe ND, Karesh WB, Kilbourn AM, Tooze Z, Heneine W, Switzer WM. (2003). Screening for simian foamy virus infection by using a combined antigen Western blot assay: evidence for a wide distribution among Old World primates and identification of four new divergent viruses. *Virology* 309(2): 248-257.（ニホンザルにおけるフォーミーウイルス感染割合）
21. Hashimoto-Gotoh A, Kitao K, Miyazawa T. (2020). Persistent infection of simian foamy virus derived from the Japanese macaque leads to the high-level expression of microRNA that resembles the miR-1 microRNA precursor family. *Microbes*

7．Killingley B, Mann AJ, Kalinova M, Boyers A, Goonawardane N, Zhou J, Lindsell K, Hare SS, Brown J, Frise R, Smith E, Hopkins C, Noulin N, Löndt B, Wilkinson T, Harden S, McShane H, Baillet M, Gilbert A, Jacobs M, Charman C, Mande P, Nguyen-Van-Tam JS, Semple MG, Read RC, Ferguson NM, Openshaw PJ, Rapeport G, Barclay WS, Catchpole AP, Chiu C. (2022). Safety, tolerability and viral kinetics during SARS-CoV-2 human challenge in young adults. *Nat. Med.* 28(5): 1031-1041.（新型コロナウイルス〔SARS-CoV-2〕のヒト感染実験）

8．Xie X, Muruato A, Lokugamage KG, Narayanan K, Zhang X, Zou J, Liu J, Schindewolf C, Bopp NE, Aguilar PV, Plante KS, Weaver SC, Makino S, LeDuc JW, Menachery VD, Shi PY. (2020). An infectious cDNA clone of SARS-CoV-2. *Cell Host Microbe* 27(5): 841-848.（新型コロナウイルス〔SARS-CoV-2〕のリバース・ジェネティクス）

第3章　ウイルスを排除することはできるか？

9．Maccallum FO, McDonald JR. (1957). Survival of variola virus in raw cotton. *Bull. World Health Organ.* 16(2): 247-254.（天然痘ウイルスの環境中での安定性）

10. Hammarlund E, Lewis MW, Hansen SG, Strelow LI, Nelson JA, Sexton GJ, Hanifin JM, Slifka MK. (2003). Duration of antiviral immunity after smallpox vaccination. *Nat. Med.* 9(9): 1131-1137. (天然痘のワクチンの有効期間)

11. Wood JP, Choi YW, Wendling MQ, Rogers JV, Chappie DJ. (2013). Environmental persistence of vaccinia virus on materials. *Lett. Appl. Microbiol.* 57(5): 399-404.（ワクシニアウイルスの環境中での安定性）

第4章　細胞間情報伝達粒子がウイルスになった？

12. Lee RC, Feinbaum RL, Ambros V. (1993). The C. elegans heterochronic gene lin-4 encodes small RNAs with antisense complementarity to lin-14. *Cell* 75(5): 843-854.（線虫でのマイクロRNA〔miRNA〕の発見）

13. Tong AW, Nemunaitis J. (2008). Modulation of miRNA activity in human cancer: a new paradigm for cancer gene thera-

参考文献

第1章　ウイルスを作る

1. Lowy DR, Rands E, Chattopadhyay SK, Garon CF, Hager GL. (1980). Molecular cloning of infectious integrated murine leukemia virus DNA from infected mouse cells. *Proc. Natl. Acad. Sci. U. S. A.* 77(1): 614-618.（マウス白血病ウイルスの感染性分子クローン）

第2章　病原性ウイルスの研究

2. Saiki RK, Scharf S, Faloona F, Mullis KB, Horn GT, Erlich HA, Arnheim N. (1985). Enzymatic amplification of *β*-globin genomic sequences and restriction site analysis for diagnosis of sickle cell anemia. *Science* 230(4732): 1350-1354.（PCRの応用）
3. Miyazawa T, Furuya T, Itagaki S, Tohya Y, Takahashi E, Mikami T. (1989). Establishment of a feline T-lymphoblastoid cell line highly sensitive for replication of feline immunodeficiency virus. *Arch. Virol.* 108(1-2): 131-135.（インターロイキン2依存性ネコTリンパ球株化細胞〔MYA-1細胞〕の樹立）
4. Ikeda Y, Mochizuki M, Naito R, Nakamura K, Miyazawa T, Mikami T, Takahashi E. (2000). Predominance of canine parvovirus (CPV) in unvaccinated cat populations and emergence of new antigenic types of CPVs in cats. *Virology* 278(1): 13-19.（ベトナムのネコからのイヌパルボウイルス2（CPV-2）型の分離とベンガルヤマネコから新規血清型CPV-2cの発見）
5. Nakamura K, Sakamoto M, Ikeda Y, Sato E, Kawakami K, Miyazawa T, Tohya Y, Takahashi E, Mikami T, Mochizuki M.（2001）. Pathogenic potential of canine parvovirus types 2a and 2c in domestic cats. *Clin. Diagn. Lab. Immunol.* 8(3): 663-668.（イエネコおよびベンガルヤマネコから分離されたイヌパルボウイルスのネコでの感染実験）
6. Andrawiss M, Takeuchi Y, Hewlett L, Collins M. (2003). Murine leukemia virus particle assembly quantitated by fluorescence microscopy: role of Gag-Gag interactions and membrane association. *J. Virol.* 77(21): 11651-11660.（紫外線を当てると光るマウス白血病ウイルスの作出）

PHP新書
PHP INTERFACE
https://www.php.co.jp/

宮沢孝幸［みやざわ・たかゆき］

京都大学医生物学研究所准教授。1964年東京都生まれ。兵庫県西宮市出身。東京大学農学部畜産獣医学科にて獣医師免許を取得。同大学院で動物由来ウイルスを研究。東大初の飛び級で博士号を取得。大阪大学微生物研究所エマージング感染症研究センター助手、帯広畜産大学畜産学部獣医学科助教授などを経て現職。日本獣医学学会賞、ヤンソン賞を受賞。2020年、新型コロナウイルス感染症の蔓延に対し、「100分の1作戦」を提唱して注目を浴びる。
著書に『京大　おどろきのウイルス学講義』『ウイルス学者の責任』（以上、PHP新書）、『ウイルス学者の絶望』（宝島社新書）などがある。

構成：宇津木聡史

なぜ私たちは存在するのか

（PHP新書　1349）

ウイルスがつなぐ生物の世界

二〇二三年四月七日　第一版第一刷

著者――宮沢孝幸
発行者――永田貴之
発行所――株式会社ＰＨＰ研究所
東京本部――〒135-8137 江東区豊洲5-6-52
ビジネス・教養出版部 ☎03-3520-9615（編集）
普及部 ☎03-3520-9630（販売）
京都本部――〒601-8411 京都市南区西九条北ノ内町11
組版――アイムデザイン株式会社
装幀者――芦澤泰偉＋明石すみれ
印刷所 製本所――図書印刷株式会社

ISBN978-4-569-85418-2

ＰＨＰ新書刊行にあたって

「繁栄を通じて平和と幸福を」（PEACE and HAPPINESS through PROSPERITY）の願いのもと、ＰＨＰ研究所が創設されて今年で五十周年を迎えます。その歩みは、日本人が先の戦争を乗り越え、並々ならぬ努力を続けて、今日の繁栄を築き上げてきた軌跡に重なります。

しかし、平和で豊かな生活を手にした現在、多くの日本人は、自分が何のために生きているのか、どのように生きていきたいのかを、見失いつつあるように思われます。そして、その間にも、日本国内や世界のみならず地球規模での大きな変化が日々生起し、解決すべき問題となって私たちのもとに押し寄せてきます。

このような時代に人生の確かな価値を見出し、生きる喜びに満ちあふれた社会を実現するために、いま何が求められているのでしょうか。それは、先達が培ってきた知恵を紡ぎ直すこと、その上で自分たち一人一人がおかれた現実と進むべき未来について丹念に考えていくこと以外にはありません。

その営みは、単なる知識に終わらない深い思索へ、そしてよく生きるための哲学への旅でもあります。弊所が創設五十周年を迎えましたのを機に、ＰＨＰ新書を創刊し、この新たな旅を読者と共に歩んでいきたいと思っています。多くの読者の共感と支援を心よりお願いいたします。

一九九六年十月

ＰＨＰ研究所

PHP新書

[自然・生命]

1016 西日本大震災に備えよ　鎌田浩毅
1257 京大　おどろきのウイルス学講義　宮沢孝幸
1272 「性」の進化論講義　更科　功

[社会・教育]

418 女性の品格　坂東眞理子
495 親の品格　坂東眞理子
504 生活保護vsワーキングプア　大山典宏
522 プロ法律家のクレーマー対応術　横山雅文
586 理系バカと文系バカ　竹内　薫［著］／嵯峨野功一［構成］
618 世界一幸福な国デンマークの暮らし方　千葉忠夫
621 コミュニケーション力を引き出す　平田オリザ／蓮行
629 テレビは見てはいけない　苫米地英人
854 女子校力　杉浦由美子
869 若者の取扱説明書　齋藤　孝
888 日本人はいつ日本が好きになったのか　竹田恒泰
987 量子コンピューターが本当にすごい　竹内　薫／丸山篤史［構成］
994 文系の壁　養老孟司
1022 社会を変えたい人のためのソーシャルビジネス入門　駒崎弘樹
1025 人類と地球の大問題　丹羽宇一郎
1032 なぜ疑似科学が社会を動かすのか　石川幹人
1040 世界のエリートなら誰でも知っているお洒落の本質　干場義雅
1059 広島大学は世界トップ100に入れるのか　山下柚実
1073 「やさしさ」過剰社会　榎本博明
1079 超ソロ社会　荒川和久
1087 羽田空港のひみつ　秋本俊二
1093 震災が起きた後で死なないために　野口　健
1106 御社の働き方改革、ここが間違ってます！　白河桃子
1125 『週刊文春』と『週刊新潮』闘うメディアの全内幕　花田紀凱／門田隆将
1128 男性という孤独な存在　橘木俊詔
1140 「情の力」で勝つ日本　日下公人
1144 未来を読む　ジャレド・ダイアモンドほか［著］　大野和基［インタビュー・編］
1146 「都市の正義」が地方を壊す　山下祐介
1149 世界の路地裏を歩いて見つけた「憧れのニッポン」　早坂　隆
1150 いじめを生む教室　荻上チキ
1151 オウム真理教事件とは何だったのか？　一橋文哉

1154 孤独の達人　諸富祥彦
1161 貧困を救えない国 日本　阿部彩／鈴木大介
1164 ユーチューバーが消滅する未来　岡田斗司夫
1183 本当に頭のいい子を育てる 世界標準の勉強法　茂木健一郎
1190 なぜ共働きも専業もしんどいのか　中野円佳
1201 未完の資本主義　ポール・クルーグマンほか[著]／大野和基[インタビュー・編]
1202 トイレは世界を救う　ジャック・シム[著]／近藤奈香[訳]
1219 本屋を守れ　藤原正彦
1223 教師崩壊　妹尾昌俊
1229 大分断　エマニュエル・トッド[著]／大野 舞[訳]
1231 未来を見る力　河合雅司
1233 男性の育休　小室淑恵／天野 妙
1234 AIの壁　養老孟司
1239 社会保障と財政の危機　鈴木 亘
1242 食料危機　井出留美
1247 日本の盲点　開沼 博
1249 働かないおじさんが御社をダメにする　白河桃子
1252 データ立国論　宮田裕章
1262 教師と学校の失敗学　妹尾昌俊
1263 同調圧力の正体　太田 肇
1264 子どもの発達格差　森口佑介
1271 自由の奪還　アンデシュ・ハンセンほか[著]／大野和基[インタビュー・編]
1277 転形期の世界　Voice編集部[編]
1280 東アジアが変える未来　Voice編集部[編]
1281 5000日後の世界　ケヴィン・ケリー[著]／大野和基[インタビュー・編]／服部桂[訳]
1286 人類が進化する未来　ジェニファー・ダウドナほか[著]／大野和基[インタビュー・編]
1290 近代の終わり　ブライアン・レヴィンほか[著]／大野和基[インタビュー・編]
1291 日本のふしぎな夫婦同姓　中井治郎
1298 子どもが心配　養老孟司
1303 ウイルス学者の責任　宮沢孝幸
1307 過剰可視化社会　與那覇潤
1315 男が心配　奥田祥子
1321 奇跡の社会科学　中野剛志
1326 ネイチャー資本主義　夫馬賢治
1328 「立方体が描けない子」の学力を伸ばす　宮口幸治
1331 何もしないほうが得な日本　太田 肇
1334 指導者《リーダー》の不条理　菊澤研宗
1336 虐待したことを否定する親たち　宮口智恵